U0464577

浮華背後

——晚明张岱的生活美学

卫清荷 著

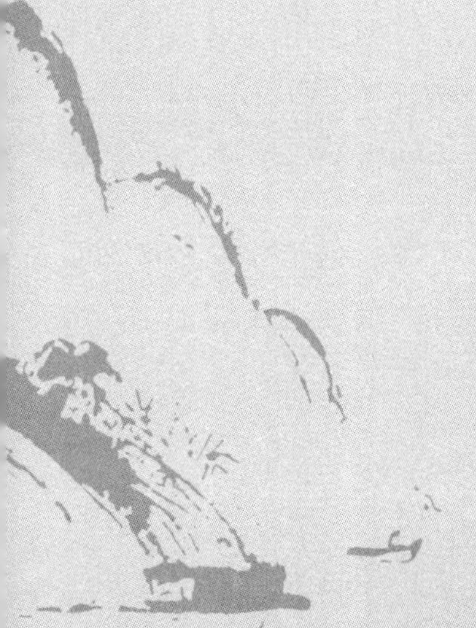

镇 江

图书在版编目（CIP）数据

浮华背后 ：晚明张岱的生活美学 / 卫清荷著.
镇江 ：江苏大学出版社，2025. 7. -- ISBN 978-7-5684-2311-3

Ⅰ. B834.3

中国国家版本馆CIP数据核字第2024TZ5609号

浮华背后——晚明张岱的生活美学

Fuhua Beihou——Wanming Zhangdai de Shenghuo Meixue

著　　者/卫清荷
责任编辑/宋燕敏
出版发行/江苏大学出版社
地　　址/江苏省镇江市京口区学府路301号(邮编：212013)
电　　话/0511-84446464(传真)
网　　址/http://press.ujs.edu.cn
排　　版/镇江文苑制版印刷有限责任公司
印　　刷/镇江文苑制版印刷有限责任公司
开　　本/890 mm×1 240 mm　1/32
印　　张/9.375
字　　数/220千字
版　　次/2025年7月第1版
印　　次/2025年7月第1次印刷
书　　号/ISBN 978-7-5684-2311-3
定　　价/68.00元

目 录

引言

张岱（1597—1689）①，又名维城，初字宗子，人称石公，号陶庵、蝶叟、蝶庵、古剑老人、古剑陶庵等，晚年又自号六休居士。因其祖籍为古剑州绵竹（今属四川省德阳市），因此大部分著作都有“蜀人张岱”“古剑陶庵老人”的署名。明万历二十五年（1597）八月二十五日，张岱出生于绍兴城内的一个簪缨望族。在前半生，作为衣食无忧的清贵公子，他虽并未在主流正统的科举仕途上取得任何成就，但这不妨碍他醉心书史、笔耕不辍。在五十岁所作的《自为墓志铭》中，他无比自豪地总结自己一生的著述：

好著书，其所成者，有《石匮书》《张氏家谱》《义烈传》《瑯嬛文集》《明〈易〉》《大〈易〉用》《史阙》《四书

① 其卒年说法不一，有六十九、七十余、八十八、九十三等，本书采取九十三之说，即卒于清康熙二十八年（1689）。

遇》《梦忆》《说铃》《昌谷解》《快园道古》《傒囊十集》《西湖梦寻》《一卷冰雪文》行世。①

另外，亦有《张子诗秕》《张子文秕》《夜航船》《石匮书后集》《明纪史阙》《有明於越三不朽图赞》《茶史》《陶庵肘后方》等著作四十余种，作品体量达数百万字。张岱不仅是“绝代的散文家”（黄裳语），也是十分杰出的诗人、史学家、戏剧家、音乐家等。

张岱才华横溢，著作等身，同时也是一位不折不扣的“生活艺术家”。其所著《陶庵梦忆》便是对明亡之前日常生活世界的集中展现，涉及美食养生、园林建筑、戏曲文学、古董收藏、旅游民俗等领域。他在《自为墓志铭》中写道：

少为纨绔子弟，极爱繁华，好精舍，好美婢，好娈童，好鲜衣，好美食，好骏马，好华灯，好烟火，好梨园，好鼓吹，好古董，好花鸟，兼以茶淫橘虐，书蠹诗魔。②

这段描述堪称他前半生闲适富贵日常生活的真实写照。自明末“甲申之变”后，他从悠游人间的世家纨绔子弟，转眼之间沦落成为人人避而远之的底层贫农。改朝换代的剧烈动荡，给他带来的不仅是今昔生活的天壤之别，更有国破家亡的绝望悲怆。“所存者，破床碎几，折鼎病琴，与残书数帙，缺砚一方而已。布衣蔬食，常至断炊。”③ 在此背景下成书的《陶庵梦忆》，虽将昔日的赏花、品茶、观剧、节庆、宴饮、出游等日常生活琐事缓缓道来，其承载的却是难以言说的沧桑

① 张岱. 张岱诗文集［M］. 夏咸淳辑校. 上海：上海古籍出版社，2018：342.
② 张岱. 张岱诗文集［M］. 夏咸淳辑校. 上海：上海古籍出版社，2018：341.
③ 张岱. 张岱诗文集［M］. 夏咸淳辑校. 上海：上海古籍出版社，2018：341.

与沉重。《〈陶庵梦忆〉序》写道："繁华靡丽，过眼皆空；五十年来，总成一梦。"[①]《陶庵梦忆》中呈现的日常生活，是高度艺术化、美学化的生活，但是张岱又不仅仅沉浸于对往日风雅精致生活的自矜与夸耀，还在书中寄寓了明清鼎革之际对国破家亡、无常命运的感慨与深思。

（一）

本书从"生活美学"角度切入，对张岱及其相关著作进行研究。20世纪中期，苏联美学家车尔尼雪夫斯基提出的"美是生活"理论，与当时占据中国思想界主流的"现实主义"创作理念相结合，成为被中国美学研究公认并接受的逻辑与历史前提。[②] 进入21世纪，生活论转向开始成为文艺美学的重要话题，以2003年大规模开始的"日常生活审美化"大讨论启其端，以"生活美学"的提出与建构承其绪。[③] 正如王德胜、李雷在《"日常生活审美化"在中国》一文中所言："关于'日常生活审美化'的讨论本身已经宣告了当下日常生活不再像以往那样仅仅是美学研究的'飞地'，也证明了'美学走向日常生活'的现实性。"[④] 美学走向生活，是当代文化与艺术在全球范围内发生深刻变化的必然结果。面对日益复杂的文化现象与审美活动，传统"审美非功利观"及"艺术自律"等康德古典时代的美学观念，已经显现出其理论的疲弱；

① 张岱．张岱诗文集［M］．夏咸淳辑校．上海：上海古籍出版社，2018：175.

② 刘悦笛，李修建．当代中国美学研究（1949—2019）［M］．北京：中国社会科学出版社，2019：141.

③ 见北京师范大学文艺学研究中心编《文艺学新周刊第89期·美学研究的生活论转向》导言部分。

④ 王德胜，李雷．"日常生活审美化"在中国［J］．文艺理论研究，2012，32（1）：10-16.

传统欧美主流美学研究将艺术审美与日常生活严格地主次二分，越来越与新时期全球文化多元化的发展现状与方向格格不入。这一文化发展的全新动向，正是生活美学得以出场的历史与学术语境，而在“艺术日常生活化”与“日常生活艺术化”双向互动的演进过程中，生活美学的种种实践研习也渐趋成熟与风靡。值得一提的是，生活美学不是要颠覆原有经典美学的建构与努力，而是打破原来自律艺术对美学的独自占有，把艺术与生活的感性经验同时纳入美学的范畴，承认生活原有的审美品质。①

生活美学看似是美学理论发展的最新产物，实则在中国有着悠久的传统。国际著名美学杂志《美学与艺术批评》的主编 Susan Feagin 曾说：“今天美学与艺术领域的一个主要发展趋势是美学与生活的重新结合，在我看来这个发展趋势似乎更接近于东方传统，因为中国文化里面人们的审美趣味是与人生理解、日常生活结合一体的。”② 可以说中国古典文化之美，就是“活生生”的生活之美。陈雪虎在其《生活美学——三种传统及其当代汇通》中写道：“传统文化中的这种既朴质又浑厚的生活美的追求在中国是普遍的、基本的，也是现实的。传统儒家生活美学一端系在世俗生活层面，即饮食男女、衣食住行、生老病死这些现实生活的具体内容；另一端系在超越层面，追求某种美和价值。”③ 从衣食住行到诗酒花茶，从笔墨纸砚到琴棋书画，“生活美学”概念的提

① 王确．茶馆、劝业会和公园：中国近现代生活美学之一［J］．文艺争鸣，2010（13）：26-30．

② 刘悦笛．生活美学与当代艺术［M］．北京：中国文联出版社，2018：10．

③ 陈雪虎．生活美学：三种传统及其当代汇通［J］．艺术评论，2010（10）：62-64．

出或许很晚，但古人“生活美学”的实践却一直在进行。在中国古典文化的语境之中，美学与艺术、艺术与生活、美与生活等都是内在融通的，艺术与生活之间并无不可跨越的鸿沟，反而有一种“没有隔膜的亲密关系”。在中国古代文人看来，日常生活世界即是对心中所信奉坚守的“道”的实践场域，因此他们往往能体悟到日常生活的美感，并适时适地将之上升到美学的高度。①

笔者正是注意到了《陶庵梦忆》对晚明日常生活的关注与书写，因而将之作为一个典型文本进行研究。张岱作为一名典型的“生活艺术家”，始终积极地面向感性的生活世界。他善于运用艺术家的技法来应对生活，并将自身的审美观照、审美参与、审美创造等综合起来以完善生活经验。② 他像艺术家一样去创造经营自己的日常生活，生活与艺术既有区别，同时又具有某种意义上的连续性。然而通过对其生平的研究，尤其是从明亡之后其诗文中所记录的生活状况来看，创作《陶庵梦忆》之时，张岱的生活与其在《陶庵梦忆》之中所记录的生活可谓天差地别。尤其是 2016 年整理出版的《沈复燦钞本琅嬛文集》中，有大量诗作描述了张岱晚年跌落底层、穷困潦倒的悲惨境遇，缺衣少食、家徒四壁的生活与明亡之前的鲜花着锦、烈火烹油形成了鲜明对比。

这种极端的反差不禁让我们发出疑问：贫困潦倒的日常生活是“美”的吗？如果是，那么是怎样一种力量让张岱在遭遇了如此命运巨变之后依然初心不改？笔者在对张岱的诗文著作进行了相对全面的研读之后，发现了其“一往深情”的情

① 刘悦笛．生活美学与当代艺术［M］．北京：中国文联出版社，2018：4.
② 刘悦笛．生活美学与当代艺术［M］．北京：中国文联出版社，2018：30.

感特质。这种对过往生活的深情眷恋，对故国的深情怀念，呈现在《陶庵梦忆》中的点滴回忆与碎片记录之中；也正是这种深情的力量，推动着他在国破家亡之后依然秉笔直书，为一个逝去的王朝及它的人民留下不朽印记。情之所往，志之所向。张岱心中所坚守的理想信念，与他在日常生活中的实践恰恰是一以贯之的。正因如此，早年富贵风流的生活也好，晚年穷困潦倒的生活也罢，在他看来皆如浮云来去，皆可安之乐之。这便是生活美学的真正精神力量与文化价值所在，也是本书对张岱生活美学研究的意义所在。

（二）

《陶庵梦忆》是记述张岱于明亡之前日常生活片段的主要作品，也是本书的主要参考文献，而其自成书之后，百余年来版本谱系众多，大体可分为一卷本简本与八卷本繁本。（关于该书的版本详细流传过程，可参见浙江古籍出版社 2018 年版《陶庵梦忆》整理前言①，本书不再做赘述。）本书依据的文本为 2018 年浙江古籍出版社整理出版的《陶庵梦忆》，此本以目前八卷本始祖，即乾隆五十九年（1794）王文诰刻本为底本，参考中国科学院图书馆藏乾隆抄本、乾隆四十年（1775）金忠淳刻《砚云甲编》本、道光二年（1822）王文诰重刻巾箱本、咸丰伍崇曜刻《粤雅堂丛书》本等十余个版本，又参考马兴荣、夏咸淳、栾保群、苗怀明等各名家点校成果，是目前最为可信据的版本，也是本书进行后续研究的文献基础。

民国十六年（1927），朴社排印本《陶庵梦忆》重新出

① 张岱. 陶庵梦忆　西湖梦寻［M］. 路伟，郑凌峰点校. 杭州：浙江古籍出版社，2018：1-22.

版，在其卷首与卷尾分别收录了周作人、俞平伯所写的序跋题辞，可视为今人对张岱与《陶庵梦忆》的最早品评文字。其中周作人称此书“大抵都是很有趣味的”，张岱是“一流的文字之佳者，而所追怀者又是明朝的事，更令我觉得有意思”[①]；俞平伯则评论道：“而今观之，奇姿壮采，于字里行间俯拾即是，华秾物态，每练熟还生以涩勒出之，画匠文心两兼之矣！”[②] 民国二十五年（1936），由世界书局出版的“美化文学名著丛刊”收录了《陶庵梦忆》一书，卷首有朱剑芒题写的《〈陶庵梦忆〉考》[③] 一文，从家世个性、文学风格、写作主旨、遗民心态等方面对张岱及其代表作《陶庵梦忆》进行了全面分析，此文是目前可见到的最早对张岱及其作品进行全面系统分析的文章。藏书家黄裳尤爱张岱，他不仅称其为“绝代散文家”，评价《陶庵梦忆》时更是做出了“向来作者，未见有如此才华者”[④] 的高度评价。

目前对张岱进行学术研究的专著主要有：夏咸淳所著《明末奇才张岱论》，这是国内第一部张岱研究专著，书中阐释了张岱的文艺思想和小品散文特色；胡益民所著《张岱研究》《张岱评传》，对张岱其人的研究涉及生平、家世、交游、著述、文艺美学、哲学思想等各个方面，此外，也客观评价了张岱的诗词、史学、散文、戏曲成就等；佘德余所著《张岱家世》《都市文人——张岱传》，对张岱的家世生平进行详细考证；张则桐所著《张岱探稿》，从文化人格的探析、散文的

① 张岱. 陶庵梦忆 西湖梦寻［M］. 路伟，郑凌峰点校. 杭州：浙江古籍出版社，2018：149.
② 张岱. 陶庵梦忆 西湖梦寻［M］. 路伟，郑凌峰点校. 杭州：浙江古籍出版社，2018：151.
③ 张岱. 陶庵梦忆 西湖梦寻［M］. 路伟，郑凌峰点校. 杭州：浙江古籍出版社，2018：151-162.
④ 张岱. 陶庵梦忆 西湖梦寻［M］. 路伟，郑凌峰点校. 杭州：浙江古籍出版社，2018：167.

艺术渊源及散文与现当代散文的对比等方面进行研究；美国汉学家史景迁所著《前朝梦忆——张岱的浮华与苍凉》，以时间为线索，通过详细的史料文献梳理展现了张岱的一生。

其他相关研究论文则有：陈平原《都市文人张岱的为人与为文》、杨绪敏《论张岱〈石匮书〉的史论》、彭天发生《规范与超越——张岱小品文研究》、张屏《情不知所起，一往而深——晚明文学家张岱论》、李璐《明季遗民的处世之道——张岱个案研究》、梁佶《张岱文化小品研究——以〈陶庵梦忆〉与〈西湖梦寻〉为例》、顾虹《张岱小品文略论》、陈竑《张岱游历研究》、吕鑫《〈陶庵梦忆〉研究》等。以上研究主要集中于张岱个人生平与文学、史学成就等方面。

此外，从美学角度对张岱及《陶庵梦忆》开展研究的主要论文有：井会利《张岱〈陶庵梦忆〉的审美特性》、赵佳丽《张岱〈陶庵梦忆〉的审美意蕴》、许卫《略论张岱〈陶庵梦忆〉的审美特质》、张婉霜《从晚明小品透视江南城市审美文化——以张岱〈陶庵梦忆〉为中心》、张健旺《晚明六休居士张岱的美学思想》、杜波《从〈陶庵梦忆〉看张岱的园林思想》、董莉莉《〈陶庵梦忆〉中的小人物形象探析》等。以上论文或者对《陶庵梦忆》的主要美学思想展开研究，或者围绕《陶庵梦忆》中具体的某一项审美对象如园林、人物、戏剧等主题展开论述。

从生活美学及相关角度对《陶庵梦忆》进行研究的较少，主要以硕士论文为主，其中有 2003 年扬州大学卢杰《张岱散文中的日常生活美学思想》，探讨分析了张岱在《陶庵梦忆》及其他著作当中对日常生活的描写和心态；2004 年内蒙古师范大学张丽杰《论张岱〈陶庵梦忆〉的情感意蕴》，从“情感”这一角度对《陶庵梦忆》中的情感世界进行了分析；2010 年中国传媒大学刘舒甜《〈陶庵梦忆〉与晚明文人审美风尚研究》，从设计美学的角度对《陶庵梦忆》中的社会审美风尚与设计审美思想进行了探讨；2020 年四川师范大学寇磊《张岱休闲美学思想研究》，从休闲美学的角度切入，较为全面地研究了张岱作品中休闲美学的形成、内容及特点。

（三）

从生活美学及相关角度对张岱进行研究的论文和著作，多集中于其具体的生活美学实践内容与表现形式，如品茶饮酒、声伎戏曲、园林家居、古董收藏等，而缺乏更为深层的美学层面上的探讨，如对审美的范式特征、思想内核及精神意义的深入剖析；另外研究内容多以传统文人士大夫的风雅生活为主，对其他人群的日常生活则相对较少涉及，因此很难呈现立场客观、结构完整、逻辑自洽且具有鲜明学术思辨肌理的“中国古典生活美学”之完整谱系。本书在吸收前人研究成果的基础之上，进一步从实践内容、生成基础、范式特征、情感内核及精神意义五个方面，对以《陶庵梦忆》为代表的具有鲜明张岱个人特色的生活美学体系进行论述与建构，尽可能完整全面；同时将观察视野扩大到了张岱创作书写《陶庵梦忆》之时的生活境况，并结合 2016 年出版的天一阁藏《沈复燦钞本琅嬛文集》，参考其中收录的张岱晚年创作的大量描写明亡之后日常生活的诗作，对他晚年的生存境遇与精神心态做进一步梳理，以揭示其生活美学中所蕴含的更为深层的思想文化内涵。

晚明是“传统生活美学”极为发达的时代。从万历到崇祯的七十余年间，大量文人士大夫沉浸于古董收藏、字画鉴赏、园林营造、戏曲品评等日常消遣活动之中。伴随着白银货币经济的繁荣，晚明无疑成为中国封建时期昙花一现的“浮华时代”，而张岱的前五十年人生，正是在这种“浮华”中度过的。本书无意对晚明贵公子张岱奢靡而风雅的日常生活进行过分描摹，而是试图在浮华表象背后，探寻剖析根植于文化传统之中以“情”为内核的日常生活美学肌理。即这种从日常中生发，在生活里呈现的琐屑支离、世俗平常的片段，如何挣脱了它自身的形式束缚而获得一种超越性的美学价值，这种价值的实现路径又蕴含了怎样的文化内涵与特性。经历了家国巨变的张岱，无疑是探究此命题的最佳样本对象，这便是本书以“浮华背后”命名的缘由。

本书分为上下两编，上编为张岱生活美学的实践内容，下编为张岱生活美学的分析研究。上编由“物之美”“人之美”“事之美”及“时空之美”四章构成。第一章从“美食佳馔”“自然风物”“闲赏长物”入手，展示张岱对日常生活“物”之美的体认理解；第二章是张岱对“才女名妓”“巧匠名伶”“癖人异士”等具有审美意蕴的人物的品藻赏鉴；第三章以日常生活中的审美活动为切入点，从“文人雅事”及“日常趣事”两个侧面，共同呈现作为“文人”与“市民”的张岱真实鲜活的“日常世界”；第四章以空间与时间为线索，对“起居园林”的静态时空营筑、“悠游行旅”的动态时空延展及以节日为依托的特定时空下的“时令节庆”群体活动进行展现。本书希望通过“物”“人”“事”“时空”四个维度，描摹出张岱在明亡之前相对完整的“日常生活图卷”。

下编由“张岱生活美学的生成基础”“张岱生活美学的范式特征”“张岱生活美学的情感内核”“张岱生活美学的精神意义”四章组成。第五章从晚明时代背景、江南地域土壤及张岱个人的家世与成长入手，揭示其生活美学实践及观念的“生成基础”；第六章对进步开明的审美观念、辩证统一的审美范畴及富有浓重个人色彩的审美追求进行系统全面的探究；第七章通过对张岱作品的全面研读，总结出其中“一往深情”的情感内核，并对国破家亡命运巨变之下这种“情”的“呈现”“承载”“郁结”及“升华”进行透视，从而对其“日常生活”与“一往深情”之关联进行深入剖析；第八章结合张岱明亡之后的生活境遇与心理状态，对《陶庵梦忆》等代表性文本所呈现的生活美学在张岱人生中的重要意义进行阐发。

全书以此八章构成对张岱生活美学的全面认知与深入探析，发掘并呈现其在中国古典美学中的意义与价值。

张岱生活美学的实践内容

第一章

物之美

· 美食佳馔

· 自然风物

· 闲赏长物

“日用之物”为日常生活的重要对象，是生活美学实践最主要的组成部分之一。在张岱生活的晚明时代，日趋繁荣的商品经济与开放的社会风气，使得“物”在满足了衣、食、住、行等基础日用功能之后，逐渐附加上鲜明的美学色彩。美食、华服、奇花、异石、古董、书画……姿态各异的“物”构建起来的日常生活世界，在晚明文人士大夫的审美趣味的引领之下，成为带有浓厚美学意蕴的“感观世界”。“物”与“人”的交互，不仅是为了满足基本生存需要，也是客体与主体对话沟通的过程，是人们审美旨趣与精神追求的投射和延伸。本章将从“美食佳馔”“自然风物”“闲赏长物”三个角度入手，深度探索张岱生活美学实践中的“物之美”。

第一节　美食佳馔

张岱在《四书遇》中写道："人莫不知饮食也。将日用处指出道体，从舌根上拈出真味，不可做喻解。饥者易食，渴者易饮。一易字，不知瞒过多少味道矣。究而言之，辨淄渑之易牙，也算不得知味者。"①这是针对《中庸》中"人莫不饮食也，鲜能知味也"一句的引申发散。"日用处指出道体"的观点显然受到了阳明心学的影响，而我们也可从中窥见张岱的饮食观。饮食是日常生活必不可少的组成部分，但若仅以满足饥渴等生理需求为主要目的，实则难以真正品尝到食物本身之"味道"。这里的"味道"不仅仅是味觉的感知，更是一种带有审美意味的综合体验。生活在晚明时代世家大族中的张岱，其生活美学的具体实践，首先是从"舌尖之上"开始的。

越中清馋　方物琳琅

张岱在《陶庵梦忆·方物》中写道：

越中清馋，无过余者，喜啖方物。北京则蘋婆果、黄鼠、马牙松；山东则羊肚菜、秋白梨、文官果、甜子；福建则福橘、福橘饼、牛皮糖、红腐乳；江西则青根、丰城脯；山西则

① 张岱. 四书遇［M］. 朱宏达校注. 杭州：浙江古籍出版社，2017：24.

天花菜；苏州则带骨鲍螺、山查丁、山查糕、松子糖、白圆、橄榄脯；嘉兴则马交鱼脯、陶庄黄雀；南京则套樱桃、桃门枣、地栗团、窝笋团、山查糖；杭州则西瓜、鸡豆子、花下藕、韭芽、玄笋、塘栖蜜橘；萧山则杨梅、莼菜、鸠鸟、青鲫、方柿；诸暨则香狸、樱桃、虎栗；嵊则蕨粉、细榧、龙游糖；临海则枕头瓜；台州则瓦楞蚶、江瑶柱；浦江则火肉；东阳则南枣；山阴则破塘笋、谢橘、独山菱、河蟹、三江屯蛏、白蛤、江鱼、鲥鱼、里河鰦。远则岁致之，近则月致之、日致之。耽耽逐逐，日为口腹谋……①

张岱品尝过的美食，遍布江南乃至全国各地。从食物种类上来看，有水果、鲜蔬、肉类、水产、地方小吃、特色点心等。优渥的家庭条件为张岱的美食探索提供了财力支撑，而高雅的审美品位又赋予了他独特的饮食观念及对于美食的精准评价。生活在江南绍兴的张岱，其所能享用到的美食特产地域之广阔、品类之丰富，与他生活的晚明时期交通便利（尤其是京杭大运河连接沟通南北）、商业贸易发达的历史背景密不可分。

谢肇淛在《五杂组》中这样写道："今之富家巨室，穷山之珍，竭水之错，南方之蛎房，北方之熊掌，东海之鳆炙，西域之马奶。真昔人所谓富有四海者，一筵之费，竭中产之家不能办也。"又言："孙承佑一宴，杀物千余；李德裕一羹，费至二万；蔡京嗜鹌子，日以千计；齐王好鸡跖，日进七十。江无畏日用鲫鱼三百，王黼库积雀鲊三楹。口腹之欲，残忍暴

① 张岱. 陶庵梦忆 西湖梦寻［M］. 路伟，郑凌峰点校. 杭州：浙江古籍出版社，2018：65.

殄，至此极矣！今时王侯阉宦尚有此风。”[①] 足见富人生活之奢、宴饮之盛、挥霍之极。与当时一味豪奢放纵以满足口腹之欲的饮食风尚不同，张岱却能以一种独到的眼光，发掘美食特产的最佳品尝及最优保鲜方式。

《陶庵梦忆·樊江陈氏橘》记载了张岱常爱吃的一户人家种的橘子。这家橘子的采摘极为讲究：“青不撷，酸不撷，不树上红不撷，不霜不撷，不连蒂剪不撷。故其所撷，橘皮宽而绽，色黄而深，瓤坚而脆，筋解而脱，味甜而鲜。”[②] 孔子言“食不厌精，脍不厌细”。樊江陈家善于把握采摘橘子的时机，不早不晚，等到橘子达到最佳状态时才小心采下，因此他家的橘子品质上乘，往往卖出极高的价格。张岱对美食是十分珍视的，他还详细记述了橘子的保鲜方法：“余岁必亲至其园买橘，宁迟、宁贵、宁少。购得之，用黄砂缸借以金城稻草或燥松毛收之。阅十日，草有润气，又更换之。可藏至三月尽，甘脆如新撷者。”

张岱的《瑯嬛文集》中收录了其所作的《咏方物》[③] 五律组诗三十六首：福建荔枝、北直蘋婆果、山东秋月梨、余姚杨梅、福建佛手柑、浦江火腿、杭州烧鹅、乌镇羊肉、丰城肉脯、祁门皮蛋、绍兴腌白菜……美食家张岱以各地方物特产入诗题咏，展现了他细致的生活观察与审美感知能力。

花下藕　杭州

花气回根节，弯弯几臂长。

① 谢肇淛. 五杂组［M］. 韩梅，韩锡铎点校. 北京：中华书局，1959：311-313.

② 张岱. 陶庵梦忆 西湖梦寻［M］. 路伟，郑凌峰点校. 杭州：浙江古籍出版社，2018：76.

③ 张岱. 沈复燦钞本瑯嬛文集［M］. 路伟，马涛点校. 杭州：浙江古籍出版社，2016：166-176.

雪腴藏月色，璧润杂冰光。
香可充兰雪，甜堪子蔗霜。
层层土绣发，汉玉辨甘黄。

此首咏藕诗，短短数语，勾勒出杭州莲藕之属性，包括大小、形态、颜色、触感、香气、味道等。张岱以冰雪、玉璧为喻，既体现了莲藕的外观特质，又赋予其晶莹透润的美感。值得注意的是，与传统咏莲藕荷花侧重升华其出淤泥不染的坚贞品性不同，张岱的《花下藕 杭州》一诗摒弃了托物言志的诗歌传统，仅从感官体验与审美的维度，使美食方物自身的实用与美学价值得到凸显。

浦江火肉　金华

至味惟猪肉，金华早得名。
珊瑚同肉软，琥珀并脂明。
味在淡中取，香从烟里生。
腥膻气味尽，堪配雪芽清。

金华火腿始于唐，发展于宋。元朝时期，旅行家马可·波罗曾将火腿制作技艺带到欧洲。到了明代，金华火腿成为金华乃至浙江的知名特产，广受宫廷及民间百姓的欢迎。张岱此诗能紧紧抓住金华火腿“至味”的感官特征，突出其味之淡、味之香、味之清，体现了他对食物美味细致精准的把握。正因如此，再普通的方物，在张岱的笔下，也能幻化出宛如珍宝的风采与魅力。

祁门皮蛋　徽州

徽州出皮蛋，奇妙逊祁门。
夜气金银杂，黄河日月昏。

雨花石锯出，玳瑁血斑存。
松竹如天绘，维扬那得伦？

生活中再寻常不过的皮蛋，因其颜色纹样、质地肌理之奇妙，在张岱看来却如同精致绝伦、价值不菲的艺术收藏品。

《咏方物》中类似的表述还有：写杭州鸡头子“合浦珠胎软，蓝田玉乳香”；写西湖秋茭白“玉莹秋水骨，碧卸楚珩皮”；写绍兴临山西瓜“皮存彝鼎绿，瓤具牡丹红”；写萧山嫩蚕豆“蛋青轻翡翠，葱白淡哥窑”；写江西丰城肉脯“坚净明如纸，轻浮薄似烟”……张岱不吝用最美好的词语来形容美食，仿佛它们不仅是满足日常口腹之欲的必备之物，更是一件件宝贵的艺术珍品。美食在张岱笔下获得了审美维度的升华，其色香味已经不是简单的感官享受愉悦，更有一种文化心理上的欣赏。张岱将价值连城的珠玉翡翠、古董珍宝和生活中常见的食物特产相关联，表现他了对美食方物独特审美价值的发掘与重视。

美食佳肴 精烹慢享

从小生长在仕宦显贵之家的张岱对于饮食的烹制享用极为讲究。其祖父张汝霖曾与黄贞父、包涵所等人结“饮食社”，又著有“美食宝典”——《饔史》四卷。然而张岱认为此书“多取《遵生八笺》，犹不失椒姜葱渫，用大官炮法”。“余多不喜，因为搜辑订正之。”[①] 所谓“大官炮法”，即通过足量的佐料调味和复杂的烹饪手法，实现菜肴的可口美味。这种烹饪手法在当时确实大行其道，然而张岱却认为“煎熬燔炙，杂以膟膫膻芗”的烹饪技法，使得食之本味尽失；至于“纯用

① 张岱. 张岱诗文集［M］. 夏咸淳辑校. 上海：上海古籍出版社，2018：172.

蔗霜，乱其正味”的调味方式，更是“矫强造作，罪其与生吞活剥者等矣”。自称“老饕”的张岱，在他的《老饕集序》一文中批评了当时重椒姜葱等佐料的“大官炮法”，认为过量的附加调味与复杂的烹饪技法，实则掩盖了食材原本的鲜美滋味，从而提出了“割归于正，味取其鲜”的饮食烹饪主张。

鲜，在中国传统美食的评价标准中，占有极为重要的位置。鲜是一种复合的味觉体验，它涉及食材之新、烹饪之精及口感之妙。对于鲜的追求，正是中国饮食文化的独特与精到之处。张岱所讲的“鲜”，也就是他在《四书遇》中所言“从舌根上拈出真味”，即食物原本自然之味。这种“自然真味”要求烹饪手法上的精简合宜与调味方式的清淡恰当。正如张岱在《咏方物》中对黄芽韭烹饪方式的描写：

黄芽韭　杭州

十月黄芽韭，肥于八月茭。
蜡梅新吐萼，玉茎乍开苞。
油漉能生艳，汤浔自起胶。
肉边尤韵绝，葱蒜总堪嘲。

作为食材的黄芽韭，其味道本身已经独特且突出，因此简单油拌或焯水都可以获得极佳的风味，与肉相搭配也可以增香去腥。如果和大葱、大蒜这种味道同样突出刺鼻的佐料混在一起，难免掩盖本味，弄巧成拙。无独有偶，明末清初朱彝尊在他的美食著作《食宪鸿秘》中写道：“饮必好水（宿水滤净），饭必好米（去砂石、谷稗），蔬菜鱼肉独取目前常物。务鲜、务洁、务熟、务烹饪合宜。不事珍奇，而自有真味；不穷炙煿，而足益精神。省珍奇烹炙之赀，而洁治水米及常蔬，调节颐养，以和于身。”① 而陆树声则指出：“都下庖制食物，凡鹅鸭鸡豕，类用料物炮制，气味辛浓，已失本然之味。夫无味主淡，淡则味真。”② 生活在明末清初的朱彝尊和陆树声，对“自然真味”的理解与张岱有着异曲同工之处，即烹饪之法贵在食材之新鲜、烹饪之合宜、调味之清淡。

螃蟹是古代文人雅士最为喜爱的美食之一，这种每年秋季十月份左右上市的食材，被张岱称赞为“不加盐醋而五味俱全”，且“甘腴虽八珍不及”。螃蟹即使清蒸水煮也滋味无穷，最能体现他对“自然真味”“味取其鲜”的美食追求。《陶庵梦忆·蟹会》一篇讲到张岱及其好友为了食蟹专门组织了“蟹会”，并详细记载了“蟹会”吃螃蟹的完整过程：

一到十月，余与友人兄弟辈立蟹会，期于午后至，煮蟹食之，人六只，恐冷腥，迭番煮之。从以肥腊鸭、牛乳酪。醉蚶如琥珀，以鸭汁煮白菜如玉版。果瓜以谢橘、以风栗、以风菱。饮以玉壶冰，蔬以兵坑笋，饭以新余杭白，漱以兰雪茶。由今思之，真如天厨仙供，酒醉饭饱，惭愧惭愧。③

吃螃蟹的讲究在于食物搭配，且螃蟹性冷腥重，食用不当还会对身体造成有害影响。张岱记录的“蟹会”向我们展示了四百多年前晚明文人雅士食蟹的真实情境：食蟹轮番烹煮以保持其鲜美，同时辅以乳酪、醉蚶及性温益补的腊鸭子、鸭汤煮白菜等，再佐以佳果、美酒、新饭，最后用兰雪茶漱口。“蟹会”食蟹不仅是口腹之欲的满足，同时兼顾了身心的养

① 朱彝尊. 食宪鸿秘［M］. 邱庞同注释. 北京：中国商业出版社，1985：6.
② 陆树声. 清暑笔谈［M］. 北京：中华书局，1985：6.
③ 张岱. 陶庵梦忆 西湖梦寻［M］. 路伟，郑凌峰点校. 杭州：浙江古籍出版社，2018：128.

护。难怪张岱在年老之时追忆往事，仍对这堪称“天厨仙供”的螃蟹盛宴念念不忘。

除了赏美食、吃美食，张岱还会制作美食，由他亲自设计制作的乳酪堪称一绝。《陶庵梦忆·乳酪》一篇便记载了“张氏乳酪”的详细做法：

> 余自豢一牛，夜取乳置盆盎，比晓，乳花簇起尺许，用铜铛煮之，瀹兰雪汁，乳觔和汁四瓯，百沸之。玉液珠胶，雪腴霜腻，吹气胜兰，沁入肺腑，自是天供。①

制作乳酪要从养牛开始，这真是资深“老饕”才能做到的。为获得舌尖上的片刻惊艳，首先需要取自家奶牛产的奶，在盆里放置自然发酵一整夜，等到乳白色的泡沫涨到一尺多，再用铜锅来煮。然后取兰雪茶与牛奶混合浸渍，一斤牛奶搭配四杯茶水，反复煮沸，直到多余水分蒸发，乳酪凝结如同珠玉，又像霜雪那样细腻醇厚。这时候带着茶香的乳酪，气味胜过兰花。张岱对乳酪的生产制作称得上“精益求精”，不辞辛苦，自得其乐，“其制法秘甚，锁密房，以纸封固，虽父子不轻传之”。将乳酪制作技术视为可以世代传家的秘方，展现了张岱对自己所创美食的自信与珍视。

品茶辨水　清雅本色

饮茶向来是文人雅士钟爱的饮馔活动，象征着一种清雅闲适的文化品位。唐代诗人元稹曾有一首新奇的《一字至七字诗·茶》，其中有“洗尽古今人不倦，将知醉乱岂堪夸”② 之句，将饮茶视为比饮酒更为高雅的活动；晚明名士卫泳也说：

① 张岱．陶庵梦忆 西湖梦寻［M］．路伟，郑凌峰点校．杭州：浙江古籍出版社，2018：59.
② 元稹．元稹集［M］．冀勤点校．北京：中华书局，1982：697.

“啜茗清谈心赏者为上，谐谑角技携手闲玩为次，酌酒铺肴沉酣潦倒为下。”① 饮茶不仅满足了舌尖味蕾的需求，更是饮茶者内在精神的一种净化与陶冶。故而饮茶如读诗文，如悟禅理，需要“品”才能得其意趣美感。张岱酷爱饮茶，他在《陶庵梦忆》中写道：“余尝见一出好戏，恨不得法锦包裹，传之不朽；尝比之天上一夜好月，与得火候一杯好茶，只可供一刻受用，其实珍惜之不尽也。”② 一杯好茶、一轮好月与一出好戏都是他珍惜不尽的好物。

张岱好饮茶且善于制茶，由他改良创制的“兰雪茶”，甚至成为风靡市场的“时尚茶饮”：“扚法、掐法、挪法、撒法、扇法、炒法、焙法、藏法，一如松萝。他泉瀹之，香气不出，煮禊泉，投以小罐，则香太浓郁。杂入茉莉，再三较量，用敞口瓷瓯淡放之，候其冷，以旋滚汤冲泻之，色如竹箨方解，绿粉初匀，又如山窗初曙，透纸黎光。取青妃白，倾向素瓷，真如百茎素兰同雪涛并泻也。雪芽得其色矣，未得其气，余戏呼之‘兰雪’。四五年后，兰雪茶一哄如市焉。”③

张岱选择的是本地日铸山所产的“雪芽”茶叶，在当时流行的“松萝茶”的烘炒制作工艺基础上，用禊泉水煮开后放在小罐中，再加入茉莉（需通过实验反复斟酌考量茉莉的比例）。之后盛放在敞口的瓷杯中，待茶水自然冷却，再用滚烫的热水冲开。茶水的颜色如同刚刚脱去外壳的竹笋那样，是一种极淡的青绿色涂抹在粉白上，又如同清晨穿过窗纸的晨光那样透亮明净。茶水倒进素色的瓷器之中，如同千百支素色兰

① 虫天子编. 中国香艳全书：第1册［M］. 北京：团结出版社，2005：31.

② 张岱. 陶庵梦忆 西湖梦寻［M］. 路伟，郑凌峰点校. 杭州：浙江古籍出版社，2018：88.

③ 张岱. 陶庵梦忆 西湖梦寻［M］. 路伟，郑凌峰点校. 杭州：浙江古籍出版社，2018：38.

花与雪涛一泻而下，故称“兰雪”。平平无奇的“雪芽茶”在张岱的改良之下身价倍增，成为市场上多方哄抢的紧俏产品。

兰雪茶广受追捧的原因，在于它的色、香、器、味皆堪称顶尖。张源《茶录》载：“茶以清脆为盛，黄、黑、红、昏，具不入品”，“雪涛为上，翠涛为中，黄涛为下”[①]。由此观之，茶之色以透亮发白为最上，任何浑浊杂色皆不堪入品。从茶之香来看，兰雪茶掺入适当比例的茉莉，丰富了其香味的嗅觉体验，而经过两次冲泡，茶叶本身的香味已被充分激发；从茶之器来看，以素色瓷为盛茶容器，最能与茶之本色相得益彰，晚明屠隆也在《考槃余事》中说“壶白如玉，可试茶色，最为要用”[②]；从茶之味来看，张岱“兰雪茶”的独特，正在于其所用的“禊泉”之水。

晚明张大复在日记中写道：“茶性比发于水，八分之茶，遇水十分，茶亦十分矣；八分之水，遇茶十分，茶只八分耳。”[③] 许次纾在《茶疏》中亦言：“精茗蕴香，借水而发，无水不可与论茶也。”[④] 可见煮茶之水的重要作用。在晚明时期，江南士人饮茶多用无锡惠山泉水，禊泉水则源于张岱的一次意外发现：“甲寅夏过斑竹庵，取水啜之，磷磷有圭角，异之。走看其色，如秋月霜空，噀天为白；又如轻岚出岫，缭松迷石，淡淡欲散。余仓卒见井口有字画，用帚刷之，‘禊泉’字出，书法大似右军，益异之。试茶，茶香发。”[⑤] 张岱偶然品

① 张源．茶录［M］//史克振译注．煮泉小品：品茶艺术经典．北京：中国社会科学出版社，1993：163.

② 屠隆．考槃余事［M］．北京：中华书局，1985：62.

③ 王英．明人日记随笔选［M］．上海：南强书局，1935：15.

④ 许次纾．茶疏［M］．上海：中华书局，1936：5.

⑤ 张岱．陶庵梦忆 西湖梦寻［M］．路伟，郑凌峰点校．杭州：浙江古籍出版社，2018：36.

尝到的禊泉水，凭借着他对水之色与味专业精进的辨察能力名噪一时："辨禊泉者无他法，取水入口，第挢舌舐腭，过颊即空，若无水可咽者，是为禊泉。好事者信之。汲日至，或取以酿酒，或开禊泉茶馆，或瓮而卖，及馈送有司。董方伯守越，饮其水，甘之，恐不给，封锁禊泉，禊泉名日益重。"禊泉之水口感独特，酿酒制茶皆为上品，因而便利了一大批当地的酒商茶商，甚至有人专门取水出售，或者赠送官员。

张岱精于品茶辨水，更能从茶中觅得知音。《陶庵梦忆》中记载了南京桃叶渡的一位名叫闵汶水的品茶高手，茶不入口就能辨别优劣。张岱慕名前去拜访，在等待了整整一天后才得以与这位年逾古稀的老者交流片刻。在"几个回合"过后，闵汶水对张岱的品茶能力叹服不已，引其为知己：

汶水喜，自起当炉。茶旋煮，速如风雨。导至一室，明窗净几，荆溪壶、成宣窑磁瓯十余种，皆精绝。灯下视茶色，与磁瓯无别，而香气逼人，余叫绝。

余问汶水曰："此茶何产？"

汶水曰："阆苑茶也。"

余再啜之，曰："莫绐余！是阆苑制法，而味不似。"

汶水匿笑曰："客知是何产？"

余再啜之，曰："何其似罗岕甚也？"

汶水吐舌曰："奇！奇！"

余问："水何水？"

曰："惠泉。"

余又曰："莫绐余！惠泉走千里，水劳而圭角不动，何也？"

汶水曰："不复敢隐。其取惠水，必淘井，静夜候新泉至，旋汲之。山石磊磊藉瓮底，舟非风则勿行，故水之生磊。即寻常惠水犹逊一头地，况他水耶！"又吐舌曰："奇，奇！"

言未毕，汶水去。少顷，持一壶满斟余曰："客啜此。"

余曰："香扑烈，味甚浑厚，此春茶耶？向瀹者的是秋采。"

汶水大笑曰："予年七十，精赏鉴者，无客比。"遂与定交。①

从这段文字中得以看出，张岱能轻易辨别出茶的产地、制法、季节、水源，即使与顶尖的品茶大师竞技也不差分毫。他记录下的这段甚为得意的品茶往事，也是两个具有同样生活审美鉴赏能力的"知音"之间的切磋与交流。这已经超出了普通文士饮茶品茶的意趣与境界，带有浓厚的生活艺术家的色彩。

① 张岱. 陶庵梦忆 西湖梦寻［M］. 路伟，郑凌峰点校. 杭州：浙江古籍出版社，2018：41.

第二节　自然风物

传统中国文人对自然万物总持以一种充满情感的态度：孔子“仁者乐山，知者乐水”，庄子“天地与我并生，万物与我为一”……正如刘悦笛在《中国人的生活美学》中所言，“中国人以一种美化的视角，来观照万物、关联万物、介入万物，进而物我合一……这就是万物的美学”①。中华古典美学视野中的自然万物总以一种“鸢飞鱼跃”式的“活泼泼的”审美面貌出现，自然界中的一沙一叶、一花一鸟、一石一木、一虫一鱼都不是纯粹自然属性的客观存在，而是带有浓厚的主观感性色彩。人们在与天地万物的沟通对话中，不仅感悟着自然的玄妙与大美，同时也叩问着自己的心灵世界。张岱笔下的奇花怪石、萌宠异兽等，正是充满了这种自然的生趣与性灵的洒脱。

奇花怪石　颐情养志

晚明时期，士人对莳花弄草尤为喜爱。袁宏道嗜爱弄花，号称以“性命为之”，其所著《瓶史》堪称“花艺大百科”；陈继儒自称有“花癖”，说“每当二分前后，日遣平头长须移

① 刘悦笛．中国人的生活美学［M］．桂林：广西师范大学出版社，2021：32.

花种之”[①]；施绍莘云“一生与花做缘，无日不享供养”[②]。花草为造物之英华，钟灵毓秀，生趣盎然，自古便得到士人的反复题咏。他们在花开花落中感悟时间的流逝，寄予人生的志向，感叹自身的遭际，更视花为心中的解语知己，故而殷勤养护。

在张岱的笔下，就有这样一位养花高手：

金乳生喜莳草花。住宅前有空地，小河界之。乳生濒河构小轩三间，纵其趾于北，不方而长，设竹篱经其左。北临街，筑土墙，墙内砌花栏护其趾。再前，又砌石花栏，长丈余而稍狭。栏前以螺山石垒山披数折，有画意。草木百余本，错杂莳之，浓淡疏密，俱有情致。春以莺粟、虞美人为主，而山兰、素馨、决明佐之。春老以芍药为主，而西番莲、土萱、紫兰、山礬佐之。夏以洛阳花、建兰为主，而蜀葵、乌斯菊、望江南、茉莉、杜若、珍珠兰佐之。秋以菊为主，而剪秋纱、秋葵、僧鞋菊、万寿、芙蓉、老少年、秋海棠、雁来黄、矮鸡冠佐之。冬以水仙为主，而长春佐之。其木本如紫白丁香、绿萼、玉楪、蜡梅、西府、滇茶、日丹、白梨花，种之墙头屋角，以遮烈日。[③]

金乳生在家中养植的花草多达上百种，按照不同的时节交错种植，浓淡疏密，皆有情致；而一些高大的木本花，如丁香、绿萼梅、蜡梅、西府海棠等，都被种植在墙头屋角，用来抵挡烈日，既美观了花园，又起到了防止暴晒的作用。金乳生

① 王英．明人日记随笔选［M］．上海：南强书局，1935：12．
② 施绍莘．秋水庵花影集［M］．来云点校．上海：上海古籍出版社，1989：14．
③ 张岱．陶庵梦忆 西湖梦寻［M］．路伟，郑凌峰点校．杭州：浙江古籍出版社，2018：5．

的花园一年四季都有不同品种、不同颜色的花竞相开放，成为当地一道奇特美丽的景观。

张岱还记录了许多奇特罕见的花草植物。其太外祖父朱赓家中有一株巨型桂花，“干大如斗，枝叶�鬖，樾荫亩许，下可坐客三四十席。不亭、不屋、不台、不栏、不砌，弃之篱落间”①。兖州张家的菊花“花大如瓷瓯，无不球，无不甲，无不金银荷花瓣，色鲜艳异凡本，而翠叶层层，无一早脱者”②。张岱家中收藏的“木犹龙”，是其父以十七只犀牛角杯交换而得。此木出自辽海，重达千余斤，经过风吹浪打，形状就像奔腾的巨浪，本为明代开国大将常遇春府中之物，常府被焚毁后，人们在地下数尺深的地方发现它依然完好无损，于是称其为“木龙”。张岱曾与好友以此为题进行诗歌创作，并在其龙头上刻下铭文：“夜壑风雷，骞槎化石；海立山崩，烟云灭没；谓有龙焉，呼之或出。”③

花草不仅是被参观赏鉴之物，更参与了日常生活审美功能的实现，如《陶庵梦忆·一尺雪》中有这样的记载：

一尺雪，为芍药异种，余于兖州见之。花瓣纯白，无须萼，无檀心，无星星红紫，洁如羊脂，细如鹤翮，结楼吐舌，粉艳雪腴。上下四旁方三尺，干小而弱，力不能支，蕊大如芙蓉，辄缚一小架扶之。大江以南，有其名无其种，有其种无其土，盖非兖勿易见之也。兖州种芍药者如种麦，以邻以亩。花时宴客，棚于路、彩于门、衣于壁、障于屏、缀于帘、簪于

① 张岱. 陶庵梦忆 西湖梦寻［M］. 路伟，郑凌峰点校. 杭州：浙江古籍出版社，2018：43.
② 张岱. 陶庵梦忆 西湖梦寻［M］. 路伟，郑凌峰点校. 杭州：浙江古籍出版社，2018：100.
③ 张岱. 陶庵梦忆 西湖梦寻［M］. 路伟，郑凌峰点校. 杭州：浙江古籍出版社，2018：13.

席、茵于阶者，毕用之，日费数千勿惜。[①]

“一尺雪”是芍药的一个变种，兖州人种这种芍药就像种小麦一样普遍，芍药花地田连阡陌。花开时节宴请客人，到处都用芍药来装饰：路上搭的棚子、门上挂的装饰及墙壁、屏风、帘子、座席、台阶……目之所及几乎皆为芍药。张岱的友人范与兰善于种兰，所种兰花有三十多缸，像簸箕那样大。兰花凋谢最令人可惜，于是张岱想出这样的办法：“有面可煎，有蜜可浸，有火可焙，奈何不食之也？”[②] 由此可见，花草不仅可做日常生活的装饰，而且可以成为一种独特的食材。

如果说花的喧闹、绚烂、明丽，折射出了生活热情洋溢、多彩丰富的一面，那么石的沉静、朴素、平淡，则呈现出一种不事雕琢、返本归真的人生底色。石与花，一静一动，一刚一柔，一朴一媚，构成了日常生活中自然静物间参差的张力。张岱在《陶庵梦忆·奔云石》中，就记录了他见到的奇异的石头：

石如滇茶一朵，风雨落之，半入泥土，花瓣稜稜，三四层摺。人走其中，如蝶入花心，无须不缀也。黄寓庸先生读书其中，四方弟子千余人，门如市。[③]

这块叫作奔云石的石头，形如一朵遭受风雨而掉落在泥土中的滇茶花，并且一半陷在泥土当中。奔云石像花瓣那样层层重叠，里外有三四层。人们走在其中，就像蝴蝶飞入花心，总要停下来细细品赏，而奔云石的主人黄贞父（寓庸）先生便

① 张岱. 陶庵梦忆 西湖梦寻［M］. 路伟，郑凌峰点校. 杭州：浙江古籍出版社，2018：99.
② 张岱. 陶庵梦忆 西湖梦寻［M］. 路伟，郑凌峰点校. 杭州：浙江古籍出版社，2018：127.
③ 张岱. 陶庵梦忆 西湖梦寻［M］. 路伟，郑凌峰点校. 杭州：浙江古籍出版社，2018：12.

在此石中读书教学。张岱的同乡董文简家中有一块宋代朱勔搜求花石纲时留下来的石头，“磊块正骨，窋咤数孔，疏爽明易”[①]。董文简专门在石边种了一棵松树，并在石后建了“独石轩”，专作其与好友读书之所。

石之珍贵与否并不在于外观是否奇异罕见，有时极为普通的一块石头，却能因为某些遭际与特质，成为被珍视之物。松化石是张岱的祖父张汝霖从潇江官署中运回的一块石头。石头本来摆在江口神祠，当地人宰杀牲畜祭祀神灵时，往往把鲜血毛发洒在石头上以表示恭敬。时间久了，石头上血迹斑斑，毛发散乱。张岱的祖父亲自为之洗刷清垢，并在其上镌刻铭文：“尔昔鬣而鼓兮，松也；尔今脱而骨兮，石也；尔形可使代兮，贞勿易也；尔视余笑兮，莫余逆也。”[②] 松化石本是一块普通石头，而张岱的祖父却将自己坚守本心的志向投射其间，使赏石活动保持了一种“养心”的自觉，从而将松化石之美抽象化、精神化，将自然之物与生活之我合二为一，从中汲取自我心灵的能量与养分。

萌宠异兽　活泼性灵

晚明士人不仅爱花爱石，也爱鸟爱兽。李渔在他的《闲情偶寄》中这样评价花鸟：“花鸟二物，造物主生之以媚人者也。既产娇花嫩蕊以代美人，又病其不能解语，复生群鸟以佐之……是我之一生，可谓不负花鸟，而花鸟得予，亦所称一人知己，死而无恨者乎？”[③] 李渔将花鸟视为自己一生的知己，其实源于悠久的中华文化传统。儒家推崇仁者爱人，进而推及

① 张岱. 陶庵梦忆 西湖梦寻［M］. 路伟，郑凌峰点校. 杭州：浙江古籍出版社，2018：25.

② 张岱. 陶庵梦忆 西湖梦寻［M］. 路伟，郑凌峰点校. 杭州：浙江古籍出版社，2018：113.

③ 李渔 . 闲情偶寄［M］. 单锦珩校点 . 杭州：浙江古籍出版社，2010：285.

“民胞物与”（张载语），天下亿万生灵皆可为人所爱。宋儒朱熹强调：“天地间非特人为至灵，自家心便是鸟兽草木之心，但人受天地之中而生耳。”① 这在心理层面上，赋予了世间其他生灵与人相对平等的权利。而对晚明士人来说，鸟兽因其萌动精灵更显活泼可爱，因此张岱笔下也有许多“萌宠灵兽”。

“雪精”是张岱的外祖父陶兰风先生所养的一匹骡子，通体雪白，一天能跑二百里地。更为神奇的是，当地百姓风闻这只骡子的尿可以治“噎嗝之症”，便常常排队来取骡尿治病。张岱的外祖父致仕归乡后，舅父就把这只奇特的白骡子送给了张岱：“余豢之十年许，实未尝具一日草料。日夜听其自出觅食，视其腹未尝不饱，然亦不晓其何从得饱也。天曙，必至门祇候，进厩候驱策，至午勿御，仍出觅食如故。后渐跛扈难御，见余则驯服不动，跨鞍去如箭，易人则咆哮蹄啮，百计鞭策之不应也。一日，与风马争道城上，失足堕壕堑死，余命葬之，谥之曰‘雪精’。”②

主人张岱采取的是“放养策略”。在养“雪精”的十几年里，他没有准备过一天草料，都是把它放出去自己觅食。“雪精”这只“争气”的骡子，从来都能自己找到食物。天刚一亮，“雪精”必定会在门口恭候，等待主人的驱使，如果到了中午主人仍没有准备驱使的迹象，它就像往常那样出门觅食，如此循环往复。“雪精”后来只接受主人张岱的驱策，可以飞奔如箭，对其他人则咆哮踢咬，即使拿鞭子打也不听使唤。“雪精”任性自在的性格显然与张岱尊重动物天性的“放养模式”密不可分。最后它因为与另一匹失控的马在城墙上争跑

① 黎靖德. 朱子语类［M］. 王星贤点校. 北京：中华书局，1986：59.
② 张岱. 陶庵梦忆 西湖梦寻［M］. 路伟，郑凌峰点校. 杭州：浙江古籍出版社，2018：56.

抢道，摔下了壕沟而丧命。

宠物只有遇到相合的主人，才会最大限度地展示出它的“天性”与“美感”。张岱的“雪精”就是这样。正是主人十几年如一日的放养，才塑造了“雪精”这只不同寻常的骡子，而张岱祖父养的麋鹿就没有这么好的运气。这只麋鹿原本是一位老医的“坐骑”，蹄趾被铁钳钳住，背上驮着鞍辔，嘴上勒有笼头。张岱的父亲花了三十金买下此鹿孝敬祖父，但是祖父张汝霖高大肥胖，骑在鹿上，走不了几步鹿就呼呼喘气。后来此鹿被送给了张汝霖的好友——晚明“文化红人”陈继儒。张岱写道：“眉公羸瘦，行可连二三里，大喜。后携至西湖六桥三竺间，竹冠羽衣，往来于长堤深柳之下，见者啧啧，称为谪仙。后眉公复号‘麋公’者，以此。”[①] 麋鹿至此可算“鹿得其主”，它与名士陈继儒共同构成一道杭州西湖畔的“行为艺术”景观。

张岱的祖父母酷爱养各种珍贵的鸟。据张岱回忆，祖父张汝霖与祖母朱氏家里养着三对舞鹤，一对白鹇，两对孔雀，一只吐绶鸡，还有十几架白鹦鹉、绿鹦鹉。其中最神奇的，应该是一只叫作“宁了”的鸟。这只鸟身体像鸽子那样小，羽毛像八哥那样黑，能清晰明白、毫不含糊地说出人话：“大母呼媵婢，辄应声曰：‘某丫头，太太叫！’有客至，叫曰：‘太太，客来了，看茶！’有一新娘子善睡，黎明辄呼曰：‘新娘子，天明了，起来吧！太太叫，快起来！’不起，辄骂曰：‘新娘子，臭淫妇，浪蹄子！’”[②]

此篇乍一看只是写祖母豢养的伶俐聪明的学舌小鸟，然而

① 张岱. 陶庵梦忆 西湖梦寻［M］. 路伟，郑凌峰点校. 杭州：浙江古籍出版社，2018：79.
② 张岱. 陶庵梦忆 西湖梦寻［M］. 路伟，郑凌峰点校. 杭州：浙江古籍出版社，2018：63.

道光年间王文诰私家重刻巾箱本《陶庵梦忆》却在最后赫然出现了这样的内容："一日夷人买去，秦吉了（即宁了）曰：'我汉禽，不入夷地。'遂惊死，其灵异酷似之。"这一露骨的描写必然不为清朝统治者所容，故而大部分通行版本《陶庵梦忆》皆将此句作删除处理，只有道光年间这一私家刻本如实保留了张岱原文的面貌。如此看来，鸟兽确实可通人之性灵，言人之所不敢言及不能言之语。而张岱在国破家亡之际的激愤悲怆之情，在《陶庵梦忆》这篇写鸟的回忆文章里，再也无法压抑按捺。他借宁了之口，表达了自己胸中之意。鸟亦非鸟，而成为张岱情操的象征。

第三节　闲赏长物

“长物”一词出自《世说新语》“作人无长物”，即人天生品质高贵，不需要多余之物衬托。荷兰汉学家高罗佩将“长物”翻译为英文“Superfluous Things”，后来被英国汉学家柯律格采纳。“长物”既有“多余丰富”之义，同时也有“奢侈的、过分的、非必要的”之义。而伴随着晚明白银商品货币经济的发展和时代风气的奢靡化倾向，士人用以构建审美化日常生活场域的“长物”概念越来越突出。晚明有一大批专门研究琢磨“长物”的读物，其中代表便为与张岱几乎同时期的文震亨所著之《长物志》，此书被《四库全书总目提要》评价为“凡闲适玩好之物，纤悉毕具”。由此可知，“长物”以满足士人闲适赏玩的审美需求为主要目的。面对晚明熙攘繁盛、令人目眩的物质文化景观，张岱将如何记录他所看到的“闲赏长物”呢？

精工手作　价比彝鼎

晚明江南地区手工制造业极为发达，这与晚明江南士人对“长物”的狂热需求是密不可分的。高濂在《遵生八笺》中写道：“心无驰猎之劳，身无牵臂之役，避俗逃名，顺时安处，世称曰闲……余自闲日，遍考钟鼎卣彝，书画法帖，窑玉古玩，文房器具，纤细究心。”① 张应文则言：“斋居宴坐，爇博山炉，烹石鼎，陈图史，列尊罍，著书谈道，吟诗拓帖，甚适也。”② 在富裕闲适的环境下，士人以书画、古董、藏书、文具及手工艺品等丰富的“物”的谱系，构成自身物质世界与精神生活的双重“乌托邦”，而生活之“物”的偏好，往往也代表了士人自身的审美倾向。

张岱的堂弟张萼（号燕客）有一方颇为珍贵的砚台，是以三十两银子购得原石材料后，再请徽州制砚名家汪砚伯亲自制成的。“燕客捧出，赤比马肝，酥润如玉，背隐白丝类玛瑙，指螺细篆，面三星坟起如弩眼，着墨无声而墨沛烟起。”③ 这方砚台颜色像马肝那样赤红，质地细腻酥润如同玉石，背面隐约有玛瑙样的白丝，又像用螺壳写出的细细的篆文，正面有三处凸起，如同瞪大的眼睛，墨汁滴落无声而烟气升起。如此精致绝伦的砚台，让看到它的人叹为观止，如痴如醉。张岱还为这方砚台写了大气磅礴的铭文：“女娲炼天，不分玉石。鳌血芦灰，烹霞铸日。星河溷扰，参横箕翕。”

正是因为士人的追捧，“长物”的体系范围迅速膨胀。清代钱泳所编的《艺能编》便罗列了数十种关于生活之物的实用技艺：“书”“数”“射”“投壶”“琵琶”“着棋”“摹印”“刻碑”“选毫”“制墨”“硾纸”“琢砚”“铜匠”“玉工”“周制”“刻书”“装潢”“成衣”“雕工”“竹刻”“治庖”“堆假山”“制砂壶”等。尽管是从工艺角度入手的，但是这

---

① 高濂. 遵生八笺［M］. 王大淳点校. 杭州：浙江古籍出版社，2017：517.

② 张应文. 清秘藏［M］. 台北：世界书局，1962：27.

③ 张岱. 陶庵梦忆 西湖梦寻［M］. 路伟，郑凌峰点校. 杭州：浙江古籍出版社，2018：14-15.

些艺事与生活美学息息相关。[①] 于是，我们得以看到晚明时期“长物”的风行，以及由此而来的对手工技艺的重视。试看张岱《陶庵梦忆》中对苏州手工绝技的描写：

吴中绝技：陆子冈之治玉，鲍天成之治犀，周柱之治嵌镶，赵良璧之治梳，朱碧山之治金银，马勋、荷叶李之治扇，张寄修之治琴，范昆白之治三弦子，俱可上下百年保无敌手。但其良工苦心，亦技艺之能事。至其厚薄深浅，浓淡疏密，适与后世赏鉴家之心力目力针芥相投，是岂工匠之所能办乎？盖技也而进乎道矣。[②]

苏州向来富庶繁华、文士辈出，而苏州商人也引领着晚明时期江南地区的时尚潮流，所谓“苏样”“苏意”是也。苏州一带书画临摹、錾刻雕镂的工艺精湛绝伦，普通的竹石金银等原料在苏州工匠的手中能变化成令人惊叹的艺术品，价值不菲，畅销海内。王士性《广志绎》记载，苏州所产的出于名匠之手的工艺品，一经脱手，“得者竞赛，咸不论钱”[③]，其抢购场景可谓疯狂。而在张岱看来，这些绝技的意义却不仅在于其经济价值，名匠所制作的玉器、犀器、金银器、梳子、扇子等，其厚薄深浅、浓淡疏密等设计都与艺术鉴赏家的眼光心灵相契合。达到这个高度，不仅仅需要技艺上的精湛，更需要一种深层审美与精神维度的能力与认知，所以张岱称“技也而进乎道”。

正如张岱在《诸工》中所言：

① 刘悦笛．中国人的生活美学［M］．桂林：广西师范大学出版社，2021：132.

② 张岱．陶庵梦忆 西湖梦寻［M］．路伟，郑凌峰点校．杭州：浙江古籍出版社，2018：15.

③ 王士性．广志绎［M］．吕景琳点校．北京：中华书局，1997：33.

> 竹与漆与铜与窑，贱工也。嘉兴之腊竹，王二之漆竹，苏州姜华雨之箓箓竹，嘉兴洪漆之漆，张铜之铜，徽州吴明官之窑，皆以竹与漆与铜与窑名家起家，而其人且与缙绅先生列坐抗礼焉。则天下何物不足以贵人，特人自贱之耳。[①]

竹艺、漆艺、铜艺、窑艺原本都是人们瞧不上的末技，但是杰出工匠凭借自身过硬的实力获得了与缙绅先生平起平坐的权利。这也正体现了晚明在“物的崛起”[②] 的宏观背景之下，由于经济基础与社会结构的变化，出现了社会阶级话语权力转移更迭的“蝴蝶效应”。而作为主角的手作之物，因其品地之绝，审美之佳，即使是一砂罐、一锡注，也可以“直跻之商彝周鼎之列而毫无惭色”[③]。

古董收藏　巨室之富

晚明士人多喜收藏古董书画。陈继儒在《妮古录》中写道：“嗜古者见古人书画，如见家谱，岂容更落他人手？”[④] 早期的曹昭《格古要论》及屠隆《考槃余事》等著作，都涉及对古董书画的鉴赏评价，而董其昌《骨董十三说》则为当时古董收藏鉴赏方面的专门著述。比张岱时间较早的江南名士冯梦祯在他的《快雪堂日记》中，多次提到私家珍藏的相传为王维画作的《江山雪霁图》，非特别亲近之人无从得观；而冯梦祯的学生李日华所著的《味水轩日记》几乎可称为一部晚明江南古董书画鉴赏交易“微型史”……

生活在江南绍兴世代簪缨之家的张岱，对于古董收藏的态

① 张岱. 陶庵梦忆 西湖梦寻［M］. 路伟，郑凌峰点校. 杭州：浙江古籍出版社，2018：71.
② 赵强．“物”的崛起：前现代晚期中国审美风尚的变迁［M］. 北京：商务印书馆，2016.
③ 张岱. 陶庵梦忆 西湖梦寻［M］. 路伟，郑凌峰点校. 杭州：浙江古籍出版社，2018：30.
④ 陈继儒. 妮古录［M］. 印晓峰点校. 上海：华东师范大学出版社，2011：74.

度却颇值得玩味。正如张岱在《家传》中所言："我张氏自文恭以俭朴世其家，而后来宫室器具之美，实开自舅祖朱石门先生，吾父叔辈效而尤之，遂不可止。"① 张家的古董收藏实则源于张岱的舅祖朱敬循，他是张岱祖母朱氏的兄弟，万历朝著名内阁辅臣朱赓的儿子。朱赓与张岱曾祖张元忭为儿女订立婚约，张岱的祖父张汝霖深为其岳父朱赓所器重。朱赓为人为官清廉耿直，其后人却骄纵恣肆，不守法度。张汝霖曾受朱赓所托至其乡惩治训斥朱氏子孙，却因此招来朱家子孙的记恨。

张岱在《陶庵梦忆》中对朱家收藏的古董有这样的描述：

> 朱氏家藏，如"龙尾觥""合卺杯"，雕镂锲刻，真属鬼工，世不再见。余如秦铜汉玉、周鼎商彝、哥窑倭漆、厂盒宣炉、法书名画、晋帖唐琴，所畜之多，与分宜埒富，时人讥之。余谓博洽好古，犹是文人韵事，风雅之列，不黜曹瞒，鉴赏之家，尚存秋壑。诗文书画未尝不抬举古人，恒恐子孙效尤，以袖攫石、攫金银以赚田宅，豪夺巧取，未免有累盛德。闻昔年朱氏子孙，有欲卖尽"坐朝问道"四号田者，余外祖兰风先生谑之曰："你只管坐朝问道，怎不管垂拱平章？"一时传为佳话。②

朱家的古董书画收藏目录，几乎可以与明代嘉靖时期大贪官严嵩的抄家清单《天水冰山录》相抗衡了，当时的百姓已经有所讥讽。张岱认为博学好古、喜好收藏不失为文人的风雅

① 张岱. 沈复燦钞本琅嬛文集［M］. 路伟，马涛点校. 杭州：浙江古籍出版社，2016：166-176.

② 张岱. 陶庵梦忆 西湖梦寻［M］. 路伟，郑凌峰点校. 杭州：浙江古籍出版社，2018：96.

韵事，但是子孙群起效仿，为达目的不惜巧取豪夺，甚至借收藏之名大肆敛财，攫取金银玉石、田亩宅院等资产，这样不免连累玷污了祖宗的功德，消耗损害了后人的福报。朱氏收藏的大量古董，助长了其后世子孙骄奢淫逸、挥霍无度之习气，乃至于最终沦落到变卖家中资财田产的地步。

张岱的二叔张联芳，从小跟着舅舅朱敬循游学，承袭了朱敬循的古董鉴赏才能，成为古董收藏专家。张联芳藏有珍贵的瓷器，曾婉拒收藏大家项元汴的求购，声称要留着这些瓷器给自己殉葬，其对古董之痴迷可见一斑。晚明缙绅士大夫及官宦子弟争抢古董，有时甚至兵戎相见：

> 癸卯，道淮上，有铁梨木天然几，长丈六、阔三尺，滑泽坚润，非常理。淮抚李三才百五十金不能得，仲叔以二百金得之，解维遽去。淮抚大恚怒，差兵蹑之，不及而返。①

一只天然铁梨木几案，被时任右佥都御史、凤阳诸府巡抚的李三才看上。李三才花一百五十金没有买到，被张联芳二百金买到了。李三才闻之大怒，居然派兵去追踪。张岱笔下的这个李三才，便是日后著名的东林党人物，他曾直言上书痛斥万历皇帝，主张取消晚明臭名昭著的矿税。这段张岱记载的插曲，也让我们看到了这位晚明重臣日常生活中的另外一面。

张岱的二叔凭借高超的鉴赏能力，迅速完成了自身的财富积累。仅通过对一块三十斤重的璞玉的辨别开琢，他就获得了价值三千两的精美玉器，因此赢资巨万，收藏日富。在《瑯嬛文集》中，张岱记载了这些价值连城的古董后来的命运："仲叔一子萼，任诞不羁，不事生业，仲叔家计数万，辄缘手

① 张岱. 陶庵梦忆 西湖梦寻［M］. 路伟，郑凌峰点校. 杭州：浙江古籍出版社，2018：97.

尽；而是年奔丧淮安，官橐又数万，亦缘手尽。仲叔好古玩，其所遗尊罍、卣彝、名画、法锦以千万计，不数日亦辄尽。”① 二叔有一个独子，就是被张岱称为“穷极秦始皇”的张萼。张岱的二叔1645年死于淮安任上，他价值千万两白银的古董收藏随即被纨绔子弟张萼挥霍一空。在张岱的《家传》中，他委婉批评了二叔的“嗜古太甚”，认为以二叔的才略权谋可以取得更大的功名，但是却耽于宫室器具之奉，以致“亵越之太甚”。

晚明时期，头脑精明的士人通过书画古董交易，可以获取大量财富，其中自然不乏真正好古乐古、以此为美的文人雅士，但也有大量借此积蓄货赀财富、巧取豪夺之徒。无怪乎张岱发出这样的感慨：“则是货利嗜欲之中，无吾驻足之地，何必终日劳劳，持筹握算也？”②

① 张岱. 沈复燦钞本琅嬛文集［M］. 路伟，马涛点校. 杭州：浙江古籍出版社，2016：294.
② 张岱. 沈复燦钞本琅嬛文集［M］. 路伟，马涛点校. 杭州：浙江古籍出版社，2016：295.

第二章

人之美

· 才女名妓
· 巧匠名伶
· 癖人异士

《礼记》云:“人者,天地之心也,五行之端也。”在中华文化传统中,“人”在天地间,有着十分重要的地位。作为“天、地、人”三才之一,人秉持天地之德,结合阴阳之气,吸纳五行精华而生,这便给予了“人”极为崇高的地位。因此,“人”不仅是审美活动中的主体,“人”本身便具有很高的审美价值。早在先秦时期,《诗经》《楚辞》中大量的“美人”刻画便是对人的审美价值的发现;魏晋时期对人物仪容风姿、气质神韵的品评赏鉴亦折射出了整个时代的审美风尚;晚明时期对“人之美”的认识则更加精细全面。难能可贵的是,张岱对人物的审美不重其身份地位与外表容貌,而重其本身的才能与品质。他大量讴歌的是才女、妓女、伶人、匠人等群体,在被主流长久轻视的他们身上发掘出别样的美。

第一节　才女名妓

明嘉靖后，纲常名教在白银货币经济的冲击之下遭到破坏，历来为统治者严禁密守的“男女大防”也随之发生动摇。女性的“自我意识”得到某种程度的觉醒，汤显祖《牡丹亭》中杜丽娘那一场惊世骇俗的春梦，便是这种觉醒意识的文学性展现。据顾起元《客座赘语》记载，正德、嘉靖之前“妇女以深居不露面，治酒浆，工织纴为常，珠翠绮罗之事少”；而之后“拟饰娼妓，交结姏媪，出入施施，无异男子”[①]。晚明时期，妇女逐渐走出闺房，抛头露面。她们不仅更加注重自我外表的妆饰，同时还拥有一定的消费实力。这一时期，江南许多世家十分重视家中女儿的教育，部分女性甚至可以像男人一般接受文化教育，进而拥有独立谋生的能力。

与张岱生活在同一时期的女画家黄媛介，家道中落后凭借自身的才华，于西湖边鬻诗卖画，在明末乱世中养活了自己和家人。黄媛介被时人赞为有“林下之风”，世家大族纷纷请她做闺塾师，并与其作诗酬唱，成为佳话，其中就包括张岱挚友祁彪佳的夫人商景兰和她的儿媳、女儿。张岱曾作诗《赠黄皆令女校书》：

① 顾起元. 客座赘语［M］. 陈稼禾点校. 北京：中华书局，1987：26.

未闻书画与诗文，一个名媛工四绝。
余见嘉禾杨世功，齐眉淑女生阀阅。
右军书法眉山文，诗则青莲画摩诘。
才子佳人聚一身，词客画师本宿业。
巾帼之间生异人，何必须麋而冠帻？①

张岱对黄媛介的高度称赞，实则代表了一种较为进步的"性别观"。女性不再作为一种"男性凝视"视角下的审美物象以满足男性的审美需求，而是可以凭借自身的才华能力与专业技艺，成为独立平等的人格主体，甚至不逊于须眉男子。

在张岱《陶庵梦忆》中还有一位专精于自身技艺的女戏子：

朱楚生，女戏耳，调腔戏耳，其科白之妙，有本腔不能得十分之一者。盖四明姚益城先生精音律，与楚生辈讲究关节，妙入情理，如《江天暮雪》《霄光剑》《画中人》等戏，虽昆山老教师细细摹拟，断不能加其毫末也。班中脚色，足以鼓吹楚生者方留之，故班次愈妙。楚生色不甚美，虽绝世佳人，无其风韵。楚楚谡谡，其孤意在眉，其深情在睫，其解意在烟视媚行。性命于戏，下全力为之。曲白有误，稍为订证之，虽后数月，其误处必改削如所语。楚生多坐驰，一往深情，摇飏无主。②

朱楚生把唱戏当作性命，不论情节还是科白，她都用尽全力去修订完善。朱楚生外表并不能称得上出色，但是在张岱看来，即便是绝世佳人，也比不上她的神韵气质。朱楚生风姿清

① 张岱. 沈复燦钞本琅嬛文集［M］. 路伟，马涛点校. 杭州：浙江古籍出版社，2016：56.
② 张岱. 陶庵梦忆 西湖梦寻［M］. 路伟，郑凌峰点校. 杭州：浙江古籍出版社，2018：83-84.

雅高远，眉间眼睫中，既孤高又深情。张岱极为重视美人之眉目的刻画，在《眉细恨分明》一诗中，他这样写道："佳人多不语，孤意在疏眉。一痕淡秋水，春风不能吹。深情凡百折，屈曲与高低。所矜在一细，层摺俱见之。"① 在《赠朱良甫小史》一诗中则有"情在双眸恨在眉，每从羞涩动人思"② 之句。美人之眉是其心中之情最直观的反映，对情之深沉宏阔的推崇，是张岱美人细眉审美观的深层心理动机。百年后曹雪芹在《红楼梦》中描写林黛玉的容貌外表时，只用了一句"两弯似蹙非蹙罥烟眉，一双似喜非喜含情目"便使之如在眼前，这与张岱笔下的细眉美人可谓不谋而合。林黛玉与朱楚生的美，恰是一种深情纯粹的心灵之美，一种清远脱俗的风神之美。

除了才华横溢的女性之外，晚明以"秦淮八艳"为代表的江南名妓向来为当时的文人津津乐道。名妓游离于传统儒家"三从四德"的伦理束缚之外，她们大多容貌倾城，精通才艺，品味高雅，甚至引领着当时的时尚潮流。值得注意的是，明代初期，民间禁止官吏、军人嫖娼。然而在明代中叶之后，这条禁令逐渐失效。伴随着商品经济的扩张与人欲的泛滥，秦楼楚馆迅速蔓延。谢肇淛写道："今时娼妓布满天下，其大都会之地，动以千百计，其他穷州僻邑，在在有之，终日倚门献笑，卖淫为活。"③ 南京秦淮河两岸，青楼妓院鳞次栉比，有的甚至紧挨着士子们参加科举考试的孔庙贡院；扬州更是花柳繁华地，温柔富贵乡，《陶庵梦忆·二十四桥风月》写

① 张岱. 沈复燦钞本琅嬛文集［M］. 路伟，马涛点校. 杭州：浙江古籍出版社，2016：32.
② 张岱. 沈复燦钞本琅嬛文集［M］. 路伟，马涛点校. 杭州：浙江古籍出版社，2016：256.
③ 谢肇淛. 五杂组［M］. 韩梅，韩锡铎点校. 北京：中华书局，1959：260.

道：“广陵二十四桥风月，邗沟尚存其意。渡钞关，横亘半里许，为巷者九条。巷故九，凡周旋折旋于巷之左右前后者，什百之。巷口狭而肠曲，寸寸节节，有精房密户，名妓、歪妓杂处之。名妓匿不见人，非向导莫得入。歪妓多可五六百人，每日傍晚，膏沐熏烧，出巷口，倚徙盘礴于茶馆酒肆之前，谓之‘站关’。”①

娼妓行业甚至形成了完整的“产业链”。据张岱在《陶庵梦忆》中对“扬州瘦马”的真实记录，扬州每天以贩卖“瘦马”为生的人有几十乃至上百个，他们被叫作“牙婆”或者“驵侩”；通常以低价收买穷苦人家或者拐卖而来的少女，选取其中容貌出众者，从小教以琴棋书画、歌舞诗文，次者则让其学习刺绣女红、家务琐事。这些姑娘一旦成年，便会被高价卖给官宦商贾人家做妾，有的甚至直接被卖去青楼。

买家挑选“瘦马”的过程堪比拣择货物：“黎明，即促之出门，媒人先到者先挟之去，其余尾其后，接踵伺之。至瘦马家，坐定，进茶，牙婆扶瘦马出，曰：‘姑娘拜客。’下拜。曰：‘姑娘往上走。’走。曰：‘姑娘转身。’转身向明立，面出。曰：‘姑娘借手睄睄。’尽褫其袂，手出、臂出、肤亦出。曰：‘姑娘睄相公。’转眼偷觑，眼出。曰：‘姑娘几岁？’曰几岁，声出。曰：‘姑娘再走走。’以手拉其裙，趾出。然看趾有法，凡出门裙幅先响者，必大；高系其裙，人未出而趾先出者，必小。曰：‘姑娘请回。’一人进，一人又出。看一家必五六人，咸如之。看中者，用金簪或钗一股插其鬓，曰‘插带’。看不中，出钱数百文，赏牙婆或赏其家侍婢，又去

① 张岱. 陶庵梦忆 西湖梦寻［M］. 路伟，郑凌峰点校. 杭州：浙江古籍出版社，2018：60.

看。牙婆倦，又有数牙婆踵伺之。”①

买家选择“瘦马”主要看年龄、面容、手臂、皮肤、脚趾等外在特质，他们在一家就能看五六个，一天则去好几家挑选。若选中，姑娘马上就会被牙婆送去买家家中。甚至纳妾用的各种礼币礼盒、鼓乐弦索、花轿花灯、香烛纸钱、供奉瓜果、祭祀酒肉、宴请席面等都由牙婆为买家准备齐全。不用等待主人回话命令，花轿队伍就前去“瘦马”家里迎亲，新人拜堂，亲友入座，小曲锣鼓，喧哗热闹。等不到结束，这些“工作人员”就讨了赏钱迅速离开，赶赴下一家开展同样的“业务”。

“扬州瘦马”的培训皆以男性的审美眼光为主导标准，女性如同货物一般，毫无自尊与人格可言。“扬州瘦马”究其本质是封建时代对于女性的物化与压迫，是一种畸形落后的文化产物。晚明时期，伴随着商品经济与情色产业的发展，时人对女性的审美进入了一种繁复精细的程度。不论是卫泳的《悦容编》还是徐震的《美人谱》，从晚明出现的大量笔记史料来看，其对于女性的容貌风韵、技艺活动、妆饰物件乃至饮食居所等都有详细的规定。下面仅举《美人谱》一例：

一之容：螓首、杏唇、犀齿、酥乳、远山眉、秋波、芙蓉脸、云鬓、玉笋、荑指、杨柳腰、步步莲、不肥不瘦、长短适宜。

二之韵：帘内影、苍苔履迹、倚栏待月、斜抱云和、歌余舞倦时、嫣然巧笑、临去秋波一转。

三之技：弹琴、吟诗、围棋、写画、蹴鞠、临池摹帖、刺

① 张岱. 陶庵梦忆 西湖梦寻［M］. 路伟，郑凌峰点校. 杭州：浙江古籍出版社，2018：84.

绣、织锦、吹箫、抹牌、秋千、深谙音律、双陆。

四之事：护兰、煎茶、金盆弄月、焚香、咏絮、春晓看花、扑蝶、裁剪、调和五味、染红指甲、斗草、教鸲鹆念诗。

五之居：金屋、玉楼、珠帘、云母屏、象牙床、芙蓉帐、翠帏。

六之侯：金谷花开、画船明月、雪映珠帘、玳筵银烛、夕阳芳草、雨打芭蕉。

七之饰：珠衫、绡帔、八幅绣裙、凤头鞋、犀簪、辟寒钗、玉珮、鸳鸯带、明榼、翠翘、金凤凰、锦裆。

八之助：象梳、菱花、玉镜台、兔颖、锦笺、端砚、绿绮琴、玉箫、纨扇、毛诗、玉台香奁诸集、韵书、俊婢、金炉、古瓶、玉合、异香、名花。

九之馔：各色时果、鲜荔枝、鱼虾、羊羔、美酝、山珍海味、松萝径山阳羡佳茗、各色巧制小菜。

十之趣：醉倚郎肩、兰汤画沐、枕边娇笑、眼色偷传、拈弹打莺、微含醋意。①

这些看似充满诗意与美感的女性形象，一方面展现了晚明士人发达的审美感官与丰富的文化积淀，另一方面流露出一种难以掩饰的性别凝视。《美人谱》的作者徐震还写道，凡美人“必欲性与韵致兼优，色与情文并丽”。美人的仪态容貌、才华技艺乃至生活情趣等，归根到底是为了增加其本身作为欲望载体的价值；而对女性审美的繁杂冗复的重重标准，实则是士人对自我放纵情欲的美化与借口。

《陶庵梦忆》中有一位独特的美人，她就是被时人赞为

① 徐震. 美人谱［M］// 虫天子编. 中国香艳全书：第1册. 北京：团结出版社，2015：6.

“月中仙子花中王，第一姮娥第一香”的南京名妓王月生：

南京朱市妓，曲中羞与为伍；王月生出朱市，曲中上下三十年决无其比也。面色如建兰初开，楚楚文弱，纤趾一牙，如出水红菱，矜贵寡言笑，女兄弟、闲客，多方狡狯，嘲弄咍侮，不能勾其一粲。善楷书，画兰竹水仙，亦解吴歌，不易出口。南京勋戚大老力致之，亦不能竟一席。富商权胥得其主席半晌，先一日送书帕，非十金则五金，不敢亵订。与合卺，非下聘一二月前，则终岁不得也。好茶，善闵老子，虽大风雨、大宴会，必至老子家啜茶数壶始去。所交有当意者，亦期与老子家会。一日，老子邻居有大贾，集曲中妓十数人，群谇嘻笑，环坐纵饮。月生立露台上，倚徙栏楯，眂娗羞涩，群婢见之皆气夺，徙他室避之。月生寒淡如孤梅冷月，含冰傲霜，不喜与俗子交接；或时对面同坐起，若无睹者。有公子狎之，同寝食者半月，不得其一言。一日，口嗫嚅动，闲客惊喜，走报公子曰：“月生开言矣！”哄然以为祥瑞，急走伺之，面赪，寻又止，公子力请再三，蹇涩出二字曰：“家去。”①

王月生是晚明南京红极一时的妓女，又名王月。余怀《板桥杂记》载：“王月，字微波。母胞生三女，长即月，次节，次满，并有殊色。月尤慧妍，善自修饰，颀身玉立，皓齿明眸，异常妖冶，名动公卿。”② 而《陶庵梦忆》中，张岱以寥寥数笔，便使一位矜持端庄、清丽如兰的女子浮现于读者眼前。清冷如孤梅的王月生，仅凭栏独立就能让众女子黯然失色，她惊人的美貌可见一斑。其虽出身青楼，却不改冰霜出尘

① 张岱. 陶庵梦忆 西湖梦寻［M］. 路伟，郑凌峰点校. 杭州：浙江古籍出版社，2018：123.
② 余怀. 板桥杂记［M］. 李金堂校注. 上海：上海古籍出版社，2000：258.

之姿，不屈服于权贵骄奢子弟，更不以娇谄献媚之态侍人。王月生作为封建时代处于社会底层的妓女，看似受万人追捧，实与世家出身的张岱有着身份上的天壤之别。然而张岱却丝毫没有对她表示不屑鄙夷，更不像其他人那样抱以猎艳赏玩的心态，而是对她的才华与气质投以钦佩甚至敬畏的目光。张岱在《曲中妓王月生》中写道："余唯对之敬畏生，君谟嗅茶得其旨。但以佳茗比佳人，自古何人见及此。"① 张岱在此诗中，将王月生与他所创的"兰雪茶"相比，其敬重珍视之情由此可见。

① 张岱. 沈复燦钞本瑯嬛文集［M］. 路伟，马涛点校. 杭州：浙江古籍出版社，2016：51.

第二节　巧匠名伶

晚明时期，伴随着白银货币经济的发展与江南新兴城镇的繁荣，整个社会对文化艺术产品的需求逐渐增加。与此相对应，文化艺术商品生产者的社会地位也逐渐发生改变。之前被视为末流的“百工”“伶人”，皆可以凭借自身出色的能力，获得社会的认可与尊敬。正如袁宏道所言：“人生何可一艺无成也？作诗不成，即当专精下棋，如世所称小方、小李是也；又不成，即当一意蹴鞠刍弹，如世所称查十八、郭道士是也。凡艺到极精处，皆可成名，强如世间浮泛诗文百倍。幸勿一不成两不就，把精神乱抛撒也。”[①] 晚明时期读书科举仕途之路的艰难，动摇了传统士人“万般皆下品，惟有读书高”的陈旧观念，技艺不分高低贵贱，只要依靠出色精熟的专业能力，都可以获得立身之处。在张岱的生活世界里，便有许多技艺超凡、品质高贵的匠人、伶人。

能工巧匠　心手合一

晚明的能工巧匠往往会受到社会的尊崇礼遇，甚至成为缙绅士大夫的座上宾，他们所凭借的是自身灵巧的双手、对技艺的执着敬畏及近乎痴迷的狂热。如善于养兰制作盆景的范与兰

① 袁宏道. 袁宏道集笺校［M］. 钱伯城笺校. 上海：上海古籍出版社，2007：202.

养了三十余缸建兰，夏天早上抬进屋，晚上搬出去，冬天则相反。养建兰需要常年辛苦劳作，不亚于干农活。看到被借走后枯黄凋萎的盆景，范与兰便伤心懊恼，甚至煮人参汤浇灌，昼夜不停地抚摸，直到枯干的枝叶重现生机。以性命之力栽培花草植物的还有花匠金乳生：

乳生弱质多病，早起，不盥不栉，蒲伏阶下，捕菊虎，芟地蚕，花根叶底，虽千百本，一日必一周之。癃头者火蚁，瘠枝者黑蚰，伤根者蚯蚓、蜒蝣，贼叶者象干、毛蝟。火蚁，以鲞骨、鳖甲置旁引出弃之。黑蚰，以麻裹箸头捋出之。蜒蝣，以夜静持灯灭杀之。蚯蚓，以石灰水灌河水解之。毛蝟，以马粪水杀之。象干虫，磨铁钱穴搜之。事必亲历，虽冰龟其手，日焦其额，不顾也。①

体弱多病的金乳生将花草视同自己的孩子，细致照料：早上起来不梳头、不洗脸，就趴在台阶下，搜寻抓捕天牛、土蚕等伤花草的害虫。对啃食花头的、影响枝条的、伤害树根的、偷吃叶子的诸类害虫，他会用各种“对症”的方法进行消灭。他养护花草必定亲力亲为，即便手被冻裂，额头被晒伤，也义无反顾。金乳生种植花草的成功，离不开他日日夜夜不辞辛劳的照料与呵护，也离不开他对花草生活习性的把握及精湛高效的养花技术，而这些都是成为一名杰出花匠所必备的基本素质。

优秀的手工艺人往往可以依靠作品获得不菲的收入，实现财富积累与经济自由。但是张岱笔下，却有这样一位手艺高超却甘于清贫的匠人：

① 张岱. 陶庵梦忆 西湖梦寻［M］. 路伟，郑凌峰点校. 杭州：浙江古籍出版社，2018：5.

南京濮仲谦，古貌古心，粥粥若无能者，然其技艺之巧，夺天工焉。其竹器，一帚、一刷，竹寸耳，勾勒数刀，价以两计。然其所以自喜者，又必用竹之盘根错节，以不事刀斧为奇，则是经其手略刮磨之，而遂得重价，真不可解也。仲谦名噪甚，得其一款，物辄腾贵。三山街润泽于仲谦之手者数十人焉，而仲谦赤贫自如也。于友人座间见有佳竹、佳犀，辄自为之。意偶不属，虽势劫之、利啖之，终不可得。①

濮仲谦是南京的一位竹刻艺人，他有着古朴的面貌和心肠，看起来卑顺谦和，仿佛无能之人，但是他的竹刻技艺炉火纯青。普通竹子经过他的双手略微刮削打磨，就可以卖出数两的高价，而竹器有他的款识就身价暴涨。他的手艺养活滋润了几十个贩卖竹器的商人，他自己却一贫如洗、安然自在。他遇到心仪的竹子、犀牛角等材料甚至愿意免费雕刻，但是如果他不愿意，即使威逼利诱也没用。这位竹刻艺人有着孟子所说的“富贵不能淫，贫贱不能移，威武不能屈”的大丈夫人格，其在金钱与权力面前的傲然姿态，超出了许多品行卑琐庸俗的文士。

张岱的同乡沈梅冈先生因为忤逆了权臣严嵩而被诬入狱长达十八年，在狱中学会了竹刻。没有制作工具，他就把铁片打磨成锋利的斧头刀锯。他把一尺左右的香楠木雕琢成文具匣子，用几片棕竹制成扇子，“皆坚密肉好，巧匠谢不能事”。张岱的曾祖父张元忭为沈梅冈的两件作品亲自写了铭文，铭其匣曰：“十九年，中郎节，十八年，给谏匣；节邪匣邪同一辙。”铭其扇曰：“塞外毡，饥可餐；狱中扇，尘莫干；前苏

① 张岱. 陶庵梦忆 西湖梦寻［M］. 路伟，郑凌峰点校. 杭州：浙江古籍出版社，2018：16.

后沈名班班。”[1] 铭文将身陷囹圄十八年却始终不向强权低头的沈梅冈，与持节牧羊于匈奴十九年却不投降的汉代苏武相提并论，而沈梅冈在狱中坚持制作的匣子、扇子，正如同苏武在匈奴手持不弃的汉节一般，都是他们铮铮铁骨的象征。手工匠人“心手合一”，他们对作品的精益求精，对技艺的坚持不怠，对世俗的奋力抵抗，实则已经成为一种带有审美意味的人格精神与心灵力量，赋予了日常生活一种英雄主义式的崇高色彩。

名伶好角　人戏难分

明代中后期，社会物质与精神需求快速增长，各种文化娱乐活动得到了蓬勃发展，看戏听曲成为各个阶层的共同爱好。明代中前期，北曲流行。自万历之后，以“婉丽妩媚”著称的昆曲风靡大江南北。嘉、隆之际，官宦世家开始蓄养声伎，李开先、何良俊的“家乐”为当时的佼佼者。张家自张汝霖开始蓄养家班声伎，经由祖孙三代的经营，至张岱时期已经颇显规模。张岱的好友祁彪佳亦酷爱戏曲，其所著《远山堂曲品》收录明传奇四百余种，《远山堂剧品》收录明杂剧二百余种。不独缙绅士大夫之家热爱戏曲，普通民众对看戏听曲也充满了热情。每逢过年过节或庙会祈禳等活动，地方上都会请戏班公开展演，人山人海，观者如云。

晚明全民戏曲的狂热，促使创作者从脚本编写、舞台设计、演出技巧等多种角度对戏曲进行打磨创新，以获得更多的支持与关注。《陶庵梦忆》中记载了一位善于排演女戏的先生

① 张岱. 陶庵梦忆 西湖梦寻［M］. 路伟，郑凌峰点校. 杭州：浙江古籍出版社，2018：30.

朱云崃。[1] 他教女子唱戏不只是教戏，而是先教弹琴、琵琶、弦子、箫管鼓吹、歌舞等戏外之技，以培养演员的艺术感知能力。排演舞蹈的时候，他不惜用最辉煌明亮的灯火，用最华美精致的服饰，因此他家的女戏格外惊艳。

在张岱笔下，刘晖吉先生家的女戏则几乎刷新了当时人们对戏曲舞台的认知：

刘晖吉奇情幻想，欲补从来梨园之缺陷。如《唐明皇游月宫》，叶法善作场上，一时黑魆地暗，手起剑落，霹雳一声，黑幔忽收，露出一月，其圆如规，四下以羊角染五色云气，中坐常仪，桂树吴刚，白兔捣药。轻纱幔之，内燃“赛月明”数株，光焰青黎，色如初曙，撒布成梁，遂蹑月窟，境界神奇，忘其为戏也。其他如舞灯，十数人手携一灯，忽隐忽现，怪幻百出，匪夷所思，令唐明皇见之，亦必目睁口开，谓氍毹场中那得如许光怪耶！[2]

刘晖吉富有奇情幻想，他的舞美设计即使放在今天也未必过时。在《唐明皇游月宫》这出戏中，他结合情节设计，再以灯光、帷幕、道具层层烘托渲染，把观众完全吸引到了戏曲中，分不清虚幻与现实。难怪张岱评价道：即使唐玄宗在世，看到这样的景象也一定会目瞪口呆，感叹戏曲舞台上如此光怪陆离的景象！

晚明文士绞尽脑汁、挖空心思编排设计戏曲的情节、舞台；而伶人们为了演好戏，可以废寝忘食甚至家财四散。彭天锡是晚明著名的戏曲演员，所演之戏妙绝天下，每出都有出处

① 张岱. 陶庵梦忆　西湖梦寻［M］. 路伟，郑凌峰点校. 杭州：浙江古籍出版社，2018：23.
② 张岱. 陶庵梦忆　西湖梦寻［M］. 路伟，郑凌峰点校. 杭州：浙江古籍出版社，2018：83.

来历。他为了演好一出戏，常请人上门指导，一次就花费数十两银子。他多达十万两的家业，就这样慢慢地挥散而尽。当然，彭天锡的投入获得了回报，他很快成为晚明江南炙手可热的戏曲演员。他在张岱家连演了五六十场戏，也没有穷尽自己的表演技艺。彭天锡最善于扮演的是“反派”角色：

天锡多扮丑净，千古之奸雄佞幸，经天锡之心肝而愈狠，借天锡之面目而愈刁，出天锡之口角而愈险，设身处地，恐纣之恶不如是之甚也。皱眉眡眼，实实腹中有剑，笑里有刀，鬼气杀机，阴森可畏。盖天锡一肚皮书史，一肚皮山川，一肚皮机械，一肚皮磥砢不平之气，无地发泄，特于是发泄之耳。①

彭天锡演技精湛绝伦，究其根本是他在通过戏曲表演抒发胸中郁郁不平之志，戏曲表演对他来说并非仅是谋生工具。彭天锡对戏曲表演有着近乎痴狂的热爱，且借以进行自我心灵净化与精神疗愈，因此他的表演感染力极强，更能打动人心。

在戏曲演出之外，说书弹词也极为流行，酒楼茶馆、私家堂会、勾栏瓦舍等都有说书艺人的身影。晚明最著名的说书艺人应属《桃花扇》中出现过的那位奇人柳敬亭。江南声名在外的文士大儒，如钱谦益、龚鼎孳、吴伟业、陈维崧、朱彝尊……几乎都听过柳敬亭的说书，并对他的说书作出极高的评价与肯定。张岱在他的《柳麻子说书》一诗中这样称赞柳敬亭：“先生满腹是文情，刻画雕镂夺造化。眼前活立太史公，口内龙门如水泄。”② 一个说书的江湖艺人，却能与太史公司马迁相提并论，足见其艺术造诣的炉火纯青。

---

① 张岱．陶庵梦忆 西湖梦寻［M］．路伟，郑凌峰点校．杭州：浙江古籍出版社，2018：88.
② 张岱．张岱诗文集［M］．夏咸淳辑校．上海：上海古籍出版社，2018：60.

张岱在《陶庵梦忆》中这样写道：

南京柳麻子，黧黑，满面疤瘤，悠悠忽忽，土木形骸。善说书。一日说书一回，定价一两。十日前先送书帕下定，常不得空。南京一时有两行情人，王月生、柳麻子是也。余听其说《景阳岗武松打虎》白文，与本传大异。其描写刻画，微入毫发；然又找截干净，并不唠叨。勃夬声如巨钟，说至筋节处，叱咤叫喊，汹汹崩屋。武松到店沽酒，店内无人，謈地一吼，店中空缸空甓皆瓮瓮有声。闲中着色，细微至此。主人必屏息静坐，倾耳听之，彼方掉舌，稍见下人呫哔耳语，听者欠伸有倦色，不辄言，故不得强。每至丙夜，拭桌剪灯，素瓷静递，款款言之。其疾徐轻重，吞吐抑扬，入情入理，入筋入骨，摘世上说书之耳，而使之谛听，不怕其齰舌死也。柳麻子貌奇丑，然其口角波俏，眼目流利，衣服恬静，直与王月生同其婉娈，故其行情正等。[①]

柳敬亭长相奇丑，皮肤黢黑，满脸麻子，所以人称“柳麻子”。他擅长说书，一天只说一次，定价一两银子，而且需要提前十天送交请帖和定金，即使这样也很难预约成功。柳敬亭善于细致刻画情节，但又直截了当毫不啰唆。他说书时，声如洪钟，说到关键的地方则叱咤叫喊，屋顶几乎都要被掀翻。他并不照本宣科，而能针对说书这一种艺术形式进行材料的删减与增加，对精彩细节进行填充润色。说书表演通常在三更半夜，柳敬亭不急不慢从容不迫，语气的轻重缓急、抑扬顿挫都入情入理，契合着内容情节的跌宕起伏，所以能紧紧抓住听者的耳朵。张岱开玩笑地说道，假如世上说书的人听了柳麻子说

① 张岱. 陶庵梦忆 西湖梦寻［M］. 路伟，郑凌峰点校. 杭州：浙江古籍出版社，2018：75.

的书，那恐怕都要羞愧得咬舌自尽了。

明末清初的吴伟业在《柳敬亭传》中记载了柳敬亭师父莫后光的一段话："夫演义虽小技，其以辨性情，考方俗，形容万类，不与儒者异道。"① 说书虽是雕虫小技，但是它的文化审美价值与教育传播意义却不容小觑。在晚明这一传统社会秩序受到冲击、思想相对开放的时代，戏曲及说书艺人的价值被张岱充分发现肯定，他们对艺术的痴迷热爱与杰出造诣，为市井民间的通俗文化注入了活力。

① 吴伟业．柳敬亭传［M］//张潮．虞初新志．合肥：黄山书社，2021：359.

第三节　癖人异士

张岱有言：“人无癖不可与交，以其无深情也；人无疵不可与交，以其无真气也。”[①] 癖是一种对某种事物近乎沉溺的嗜好，甚至带有某种病态的属性。晚明之前亦有嗜癖之人，如嵇康之癖于琴、刘伶之癖于酒、杜甫之癖于诗、陆羽之癖于茶……他们的“癖”是一种与世俗格格不入的孤高与疏离，是自我精神的绝对凸显；又因为其行为的怪诞，“癖人”往往被视为社会的“异类”。晚明时期，“癖”逐渐大行其道。士大夫不以“癖”为怪，反而将之视为一种个性的投射，“癖人”因此有了审美维度上的意义。比张岱年长的文学家袁宏道曾说：“余观世上语言无味，面目可憎之人，皆无癖之人耳。若真有所癖，沉湎酣溺，性命死生以之，何暇及钱奴宦贾之事？”[②] 略晚于张岱的文学家张潮在《幽梦影》中也写道：“花不可以无蝶、山不可以无泉、石不可以无苔、水不可以无藻、乔木不可以无藤萝、人不可以无癖。”[③]

“癖”逐渐成了晚明清初士人日常生活中不可缺少的元素。与此同时，随着晚明商品经济的发展和物质生活的提升，

---

① 张岱. 陶庵梦忆 西湖梦寻［M］. 路伟，郑凌峰点校. 杭州：浙江古籍出版社，2018：66.

② 袁宏道. 袁宏道集笺校［M］. 钱伯城笺校. 上海：上海古籍出版社，2007：826.

③ 张潮 . 幽梦影［M］. 刘如溪点评 . 青岛：青岛出版社，2010：9.

士人之“癖”逐渐走向世俗化、多元化、生活化。自然山水、园林花草、茶酒器物、读书写作、声乐美色、美食美味、古玩家具等，都是文人孜孜以求之物，因此造就了烟霞癖、园林癖、酒颠、茶淫、花癖、书蠹、砚癖、石癖。[①] 晚明士人嗜癖言行不胜枚举，大量诗文笔记中都有关于“癖人言行”的记载，这与士人追求世俗生活的安逸享乐密不可分。“癖”已经逐渐远离魏晋时期那种孤高自许的矜贵姿态，而是热情地拥抱现实人生，在对红尘万物的深情依恋中，找到自我的归属与价值。

张岱博学多才，精擅诸艺，兴趣涉及养生、烹饪、园林、建筑、戏曲、古董、收藏、旅游、民俗等多个领域。他在晚年的《自为墓志铭》中这样写道：

> 少为纨绔子弟，极爱繁华，好精舍，好美婢，好娈童，好鲜衣，好美食，好骏马，好华灯，好烟火，好梨园，好鼓吹，好古董，好花鸟，兼以茶淫橘虐，书蠹诗魔。[②]

曾为纨绔公子的张岱，在经历了国破家亡的巨变之后，这样回忆自己“繁华靡丽”的前半生，究其本身亦是一个“癖人”。张岱还专门为家族中五位嗜癖甚深的“异人”写作传记，在序言中他这样写道：

> 余家瑞阳之癖于钱，髯张之癖于酒，紫渊之癖于气，燕客之癖于土木，伯凝之癖于书史，其一往而深，小则成疵，大则成癖。五人者皆无意于传，而五人之负癖若此，盖亦有不得不

---

① 曾婷婷．晚明文人日常生活美学观念研究［M］．广州：暨南大学出版社，2017：106.
② 张岱．张岱诗文集［M］．夏咸淳辑校．上海：上海古籍出版社，2018：341.

传之者矣。[1]

张岱认为五异人正因为“癖”才值得被记录，也因为“癖”才表现出一种不同寻常的审美形态。

五异人中，有一贫如洗需要取下其妻衣上银扣典当换钱，最终却凭借敏锐的政治嗅觉和极佳的运气，获得大量金钱资本的族祖张汝方；有天生脾气暴躁，动辄与同僚亲友吵架斗殴，却写得一手细腻缜密好文章，死前还叮嘱亲友在盛放自己的瓦棺中灌满融化的松脂，把自己制成“人形琥珀”的十叔张煜芳；有虽双目失明，却酷爱书史，精通医术与兵法的堂弟张培……在张岱看来，“癖”貌似是一种“瑕疵”，却是人格个性的真挚流露，是一种个体与众不同、独一无二的精神面貌。它同时也表明了一个在现世人间挣扎求生、有血有肉的个体，不必面面俱到，也不必处处完美，甚至不用扭曲自己的天性，成为别人眼里的“正常人”。时人张大复有言：“木之有瘿，石之有鸲鹆眼，皆病也。然是二物者，卒以此见贵于世。非世人之贵病也，病则奇，奇则至，至则传。”[2] 张岱对“癖”的理解与张大复的“病”有异曲同工之处，都是一种真实不虚伪、深情不冷漠、尊重个性、崇尚清奇的审美理想与精神追求。

张岱的叔祖张汝森，貌伟多髯，人送外号“髯张”。髯张不可一日无酒。《五异人传》中记载：“好酒，自晓至暮无醒时。午后，岸帻开襟，以须结鞭，翘然出颔下。逢人辄叫嚎，拉至家，闭门轰饮，非至夜分，席不得散。月夕花朝，无日不

① 张岱. 沈复燦钞本瑯嬛文集［M］. 路伟，马涛点校. 杭州：浙江古籍出版社，2016：353.

② 张大复. 梅花草堂笔谈［M］. 上海：上海杂志公司，1935：63.

酩酊大醉，人皆畏而避之。然性好山水，闻余大父出游，杖履追陪，一去忘返。”① 髯张虽深癖于酒，却在酒中参破了人生机缘，摆脱生死富贵的束缚，达到一种自由无羁的精神境界。他说：“天子能骜人以富贵，吾无官更轻，何畏天子？阎罗老子能吓人以生死，吾奉摄即行，何畏阎罗？”这种潇洒坦荡的人生态度，并不得于章句文义，而得于美酒。因此他被张岱认为是“得于酒者全矣”，即深得饮酒之趣却不为酒所累，在酒中领略月夕花朝、青山绿水般的愉悦，从而体悟到人生的意义，获得一种常人难以企及的心灵的超脱。

然而“癖”作为一种异常心理状态，并非全然是对身心的养护，有时反而会弄巧成拙。“癖于土木”的堂弟张萼便是一个反面例子：“弟萼，初字介子，又字燕客。海内知为张葆生先生者，其父也。母王夫人，止生一子，溺爱之，养成一譟暴鳖拗之性。性之所之，师莫能谕，父莫能解，虎狼莫能阻，刀斧莫能劫，鬼神莫能惊，雷霆莫能撼。”② 张萼从小聪明过人，读书更是过目成诵；至于诗词歌赋、琴棋书画、笙箫管弦、蹴鞠弹棋、博陆对牌、使枪弄棍、射箭走马、挝鼓唱曲等等一切游戏撮弄之事，都匠意为之，因而无所不精。张萼较其堂兄张岱，纨绔习气有过之而无不及，加之身为家中独子，家境阔绰，锦衣玉食，更是养成一种骄纵恣肆、固执蛮横的性子。凡事稍不完美，他就百般折腾，直到彻底搞砸：

先是辛未，以住宅之西有奇石，鸠数百人开掘洗刷，搜出石壁数尺，巉峭可喜。人言石壁之下得有深潭映之尤妙，遂于

① 张岱. 沈复燦钞本瑯嬛文集［M］. 路伟，马涛点校. 杭州：浙江古籍出版社，2016：355.
② 张岱. 沈复燦钞本瑯嬛文集［M］. 路伟，马涛点校. 杭州：浙江古籍出版社，2016：360-362.

其下掘方池数亩。石不受锸，则使石工凿之，深至丈余，畜水澄靓。人又有言亭池固佳，花木不得即大耳。燕客则遍寻古梅、果子松、滇茶、梨花等树，必选极高极大者，拆其墙垣，以数十人舁至，种之。种不得活，数日枯槁，则又寻大树补之。始极蓊郁可爱，数日之后，仅堪供爨。古人伐桂为薪，则又过其直数倍矣。恨石壁新开，不得苔藓，多买石青、石绿，呼门客善画者以笔皴之。雨过湮没，则又皴之如前。偶见一物，适当其意，则百计购之，不惜滥钱。在武林，见有金鱼数十头，以三十金易之，畜之小盎，途中泛白，则捞弃之，过江不剩一尾，欢笑自若。极爱古玩，稍有破绽，必思修补。曾以五十金买一宣铜炉，颜色不甚佳，或言火煏之甚妙。燕客用炭一篓，以猛火扇煏之，顷刻镕化，失声曰："呀。"昭庆寺以三十金买一灵壁研山，峰峦奇峭，白垩间之，名曰"青山白云"，石黝润如著油，真数百年物也。燕客左右审视，谓山脚块磊，尚欠透瘦，以大钉搜剔之，砉然两解。燕客恚怒，操铁锥连紫檀座捶碎若粉，弃于西湖，嘱侍童勿向人说。①

如此之嗜癖言行，令人哭笑不得，张萼之"癖"于某物，不知对其物而言是福是祸，对其自身而言是益是损。这样不仅浪费了精力和钱财，而且助长了浮躁之气与贪嗔之念，更不可能对其身心有任何的裨益，实不足取。张萼之癖于土木并非如同髯张之癖于酒，后者是"以性命为之"的真情真气的寄托与凝结；而缺乏真情真气作为内核支撑的"癖"，只会沦为一种空虚无聊的形式与浮夸滑稽的游戏。

① 张岱. 沈复燦钞本琅嬛文集［M］. 路伟，马涛点校. 杭州：浙江古籍出版社，2016：360-362.

张岱在《陶庵梦忆·祁止祥癖》中讲到自己嗜癖甚深的好友祁止祥，说他有书画癖，有蹴鞠癖，有鼓钹癖，有鬼戏癖，有梨园癖等。而在此篇的结尾，张岱却讲了这样一个故事："乙酉，南都失守，止祥奔归，遇土贼，刀剑加颈，性命可倾，至宝是宝。丙戌，以监军驻台州，乱民虏掠，止祥囊箧都尽，阿宝沿途唱曲，以膳主人。及归，刚半月，又挟之远去。止祥去妻子如脱屣耳，独以娈童崽子为性命，其癖如此。"① 这里的阿宝是指祁止祥所养的一个娈童。在明清鼎革兵荒马乱之际，祁止祥带着阿宝一起逃难，即使刀剑架在他脖子上，也仍然不抛弃阿宝；祁止祥身上资财都被抢光后，阿宝就沿街唱曲以讨饭养活主人。晚明时代，文人士大夫有蓄养娈童之风气，而大多数人仅持以一种猎艳把玩的态度，似祁止祥般以之为"性命"的实属罕见。这已经远远超越了普通的"嗜癖"，显得深刻厚重。

① 张岱. 陶庵梦忆 西湖梦寻［M］. 路伟，郑凌峰点校. 杭州：浙江古籍出版社，2018：66.

第三章

事之美

· 文人雅事
· 日常趣事

在日常生活中，不论是“物”还是“人”，审美对象的审美价值，都要通过审美活动的具体实践来显现。广义的审美活动不仅包括琴、棋、书、画等各种艺术活动，同时还向广袤丰富的日常生活世界敞开。在中华美学传统中，艺术、哲学与生活之间并不存在“铜墙铁壁”般的分隔割裂，而是一种“跨越边界”“填平鸿沟”后的深度融合。古典语境下的审美活动旨在通过感官体验来把握生活世界这一“活生生”的整体，并以此来获得一种精神的愉悦。本章的“文人雅事”与“日常趣事”，正是从两种不同体验角度出发，展现张岱日常生活中审美活动的实践内容。

第一节　文人雅事

明中叶以后，随着经济的繁荣，士人对于各种文化艺术形式均有广泛的爱好，如吟诗唱词、书画鉴赏、抚琴对弈、谈禅说理，以及收藏古董珍玩等，时人称这些活动为“清娱”，或曰“清玩”“清赏”“清欢”等。“清”是士大夫参与文化生活与艺术活动的突出特点，同时也是他们对于艺术化日常生活的审美追求。与声色犬马、酒肉风月的物质享受与欲望放纵不同，“清娱”不仅能增长知识、愉悦性情，而且能涤去胸中种种烦恼与纷乱积垢，净化人的心灵世界，提高人的精神境界。[①]“清”的美学意蕴，对内指向自身内在精神世界的自洽与和谐，对外则是文人士大夫作为文化艺术的创造主体，在晚明时代对自身文化身份的自证与捍卫。张岱不仅有着过人的才华与品位，对于弹琴、赏画、品茶、观剧等文人雅事更是行家里手。他知识渊博，学问丰富，且长于实践。诸如藏书赏画、抚琴品茶、集会结社、赏剧写戏等文化艺术活动已完美融入其日常生活之中，成为其生活之美的重要组成部分。

藏书赏画　抚琴品茶

书是文人雅士日常翻阅消遣的必备之物，袁中道晚年在对

① 夏咸淳．晚明士风与文学［M］．北京：中国社会科学出版社，1994：70．

比了旅游、饮酒、丝竹、歌舞等各种娱乐活动之后，得出了“然则吾之所寄，惟此千卷书耳”[①] 的结论。由于造纸印刷等工艺技术的发展改进，晚明时期图书出版行业迎来了极大繁荣，经史子集及新兴小说话本等大量出版，丰富的内容设计与相对低廉的价格，使得“读万卷书”的美好愿景成为可能。时人华淑曾写道：“长夏草庐，随兴抽检，得古人佳言韵事，复随意摘录，适宜而止，聊以伴我闲日，命曰《闲情》，非经、非史、非子、非集，自成一种闲书而已。”[②] 这表明对当时的许多文人来说，读书的实用功利属性有所削弱，怡情悦性的审美功能渐渐增强。

生活在书香世家的张岱博览群书，自称“两脚书橱”，其知识储备之丰广，从他《夜航船》《快园道古》《琯朗乞巧录》等博物百科性质的作品中便可得见。而张岱广泛的书籍涉猎，离不开其家族自高祖张天复就开始的藏书活动。藏书是晚明时期士大夫甚为喜爱的一项文化活动，陈继儒曾言：“余每欲藏万卷异书，袭以异锦，熏以异香，茅屋芦帘，纸窗土壁，而终身布衣，啸咏其中。”[③] 晚明绍兴名门祁承㸁是著名藏书家，其筑澹生堂，藏书十万卷；撰有《澹生堂读书记》《澹生堂藏书目》等，并在《澹生堂藏书约》中提出了图书购藏三法：“眼界欲宽”“精神欲注”“心思欲巧”，鉴别五则：审轻重、辨真伪、核名实、权缓急和别品类。他的著述将中国私家藏书文化提升至理论化、系统化的高度。与祁家有姻亲的张岱家族藏书亦是可观，张岱在《三世藏书》中这

① 袁中道．袁小修小品［M］．李寿和选注．北京：文化艺术出版社，1996：91-92.
② 潘文国选注．文三百篇［M］．上海：华东师范大学出版社，1999：336.
③ 王英．明人日记随笔选［M］．上海：南强书局，1935：137.

样写道："余家三世积书三万余卷。大父诏余曰：'诸孙中惟尔好书，尔要看者，随意携去！'余简太仆、文恭、大父丹铅所及，有手泽存焉，汇以请，大父喜，命舁去，约二千余卷……余自垂髫聚书四十年，不下二万卷。乙酉避兵入剡，略携数簏随行，而所存者，为方兵所据，日裂以吹烟，并舁至江干，藉甲内挡箭弹，四十年所积，亦一日尽失。此吾家书运，亦复谁尤！"[①] 在明亡之前，张岱所藏之书不下三万卷，而这些书在明清易代的战乱年代，几乎全部灰飞烟灭。

读书、藏书之外，晚明文人也酷爱收藏赏鉴书画，文徵明、董其昌、李日华、项元汴等都是当时的书画收藏大家。高濂在《燕闲清赏笺》中写道："每得一图，终日宝玩，如对古人，声色之奉不能夺也，名曰真赏。"[②] 这种和古人之间进行的精神沟通，"足以忘饥永日，冰玉吾斋，一洗人间氛垢矣！清心乐志，孰过于此？"[③] 明人酷爱赏画，山水画更是他们用以"卧游"的最佳载体。他们在水墨丹青中涤荡内心，获得极大的快感和满足。张岱交友广泛，张家世交徐渭便是晚明时期的著名书画艺术家，而与他本人交好的画家还有陈洪绶、曾鲸、姚简叔等：

> 姚简叔画千古，人亦千古……访友报恩寺，出册叶百方，宋元名笔。简叔眼光透入重纸，据梧精思，面无人色。及归，为余仿苏汉臣一图：小儿方据澡盆浴，一脚入水，一脚退缩欲出；宫人蹲盆侧，一手掖儿，一手为儿擤鼻涕；旁坐宫娥，一儿浴起，伏其膝，为结绣裾。一图宫娥盛装端立有所俟，双鬟

① 张岱. 陶庵梦忆 西湖梦寻［M］. 路伟，郑凌峰点校. 杭州：浙江古籍出版社，2018：32.
② 高濂. 燕闲清赏笺［M］. 李嘉言点校. 杭州：浙江人民美术出版社，2019：77.
③ 高濂. 燕闲清赏笺［M］. 李嘉言点校. 杭州：浙江人民美术出版社，2019：1.

尾之；一侍儿捧盘，盘列二瓯，意色向客；一宫娥持其盘，为整茶锹，详视端谨。覆视原本，一笔不失。[①]

短暂观赏后便能一笔不落地复刻宋元名家画作，姚简叔临摹的记忆与才能堪称一绝。

琴自古以来便是文人乐器的代表。张岱曾跟随江南多位名师学琴，不断精进，最终掌握多首曲目："丙辰，学琴于王侣鹅……戊午，学琴于王本吾，半年得二十余曲：《雁落平沙》《山居吟》《静观吟》《汉宫秋》《高山流水》《梅花弄》等。"[②] 沉迷于琴艺的张岱，也热衷与志同道合的琴友相互切磋，因而成立了名为"丝社"的社团组织。"丝社"每月相约集会三次，共同探讨琴艺："越中琴客不满五六人，经年不事操缦，琴安得佳？余结丝社，月必三会之。"[③]

集会结社　风雅交游

雅集是古代文人好友之间的一种聚会方式。中国历史上著名的雅集有魏晋时期的"兰亭修禊"，北宋时期的"西园雅集"等。雅集的地点一般选在自然山水或园林之中，以此体悟回归天地自然的舒畅愉悦；雅集的内容多以琴棋书画、诗酒香茶等传统文人雅事为主。北宋画家李公麟在他的《西园雅集图》中，生动再现了以苏轼、黄庭坚为代表的北宋文人的雅集场景：与会者或挥毫作画，或谈禅说理，或听阮弹琴。这样的雅集堪称"文学艺术沙龙"。从宋元到明清，文人雅集的举办越来越频繁，《西园雅集图》也不断被临摹复制，形成了

① 张岱. 陶庵梦忆 西湖梦寻［M］. 路伟，郑凌峰点校. 杭州：浙江古籍出版社，2018：71.
② 张岱. 陶庵梦忆 西湖梦寻［M］. 路伟，郑凌峰点校. 杭州：浙江古籍出版社，2018：24.
③ 张岱. 陶庵梦忆 西湖梦寻［M］. 路伟，郑凌峰点校. 杭州：浙江古籍出版社，2018：34.

“雅集图”这一艺术传统。雅集正是中国文人生活理想最集中的表达。①

崇祯七年（1634），张岱和朋友们在绍兴的蕺山亭举办了一次昆曲雅集，规模十分宏大：

崇祯七年闰中秋，仿虎丘故事，会各友于蕺山亭。每友携斗酒、五簋、十蔬果、红毡一床，席地鳞次坐。缘山七十余床，衰童塌妓，无席无之。在席七百余人，能歌者百余人，同声唱“澄湖万顷”，声如潮涌，山为雷动。诸酒徒轰饮，酒行如泉。夜深客饥，借戒珠寺斋僧大锅，煮饭饭客，长年以大桶担饭不继。命小傒岕竹、楚烟于山亭演剧十余出，妙入情理，拥观者千人，无蚊虻声，四鼓方散。月光泼地如水，人在月中，濯濯如新出浴。夜半，白云冉冉起脚下，前山俱失，香炉、鹅鼻、天柱诸峰，仅露髻尖而已，米家山雪景仿佛见之。②

此次雅集，需要与会者每人携带一斗酒、五盘食物、十种蔬菜瓜果、一床大红毡席。人们沿着山脚依次布席坐下，竟然有七十多张席面。参与的七百多人里，有一百余人能演唱。大家一起唱着“澄湖万顷”这样的曲目，声音如同潮水雷声般洪亮浩大。好酒之徒开怀畅饮，酒像泉水那样流淌，客人吃的饭，长工用大桶担饭都供不过来。饱餐过后，张岱家的家乐小奴在山亭演了十几出戏。围观看戏的人数多达上千，却安静得连蚊蝇声也听不到。夜半时分，人群四散，月华如水，白云从山下升起，将几座大山都笼罩在白雾之中，只露出一点峰尖，

① 刘悦笛．中国人的生活美学［M］．桂林：广西师范大学出版社，2021：171.

② 张岱．陶庵梦忆 西湖梦寻［M］．路伟，郑凌峰点校．杭州：浙江古籍出版社，2018：114.

其景如同米芾父子笔下的雪景图一般。

蕺山亭的昆曲雅集是一次有组织的大型集会，张岱日常生活中出现更多的则是小而美的小型聚会。崇祯七年（1634）秋，在西湖著名的楼船“不系园”上，张岱便参加了一次“不期而至”的艺术雅集：

甲戌十月，携楚生住不系园看红叶。至定香桥，客不期而至者八人：南京曾波臣，东阳赵纯卿，金坛彭天锡，诸暨陈章侯，杭州杨与民、陆九、罗三，女伶陈素芝。余留饮。章侯携缣素为纯卿画古佛，波臣为纯卿写照，杨与民弹三弦子，罗三唱曲，陆九吹箫。与民复出寸许界尺，据小梧，用北调说《金瓶梅》一剧，使人绝倒。是夜，彭天锡与罗三、与民串本腔戏，妙绝；与楚生、素芝串调腔戏，又复妙绝。章侯唱村落小歌，余取琴和之，牙牙如话。纯卿笑曰：“恨弟无一长，以侑兄辈酒。”余曰：“唐裴将军旻居丧，请吴道子画天宫壁度亡母。道子曰：‘将军为我舞剑一回，庶因猛厉，以通幽冥！’旻脱缞衣缠结，上马驰骤，挥剑入云，高十数丈，若电光下射，执鞘承之，剑透室而入，观者惊栗。道子奋袂如风，画壁立就。章侯为纯卿画佛，而纯卿舞剑，正今日事也。”纯卿跳身起，取其竹节鞭，重三十斤，作胡旋舞数缠，大噱而去。①

在杭州西湖上，一次邂逅成功开启了风雅诙谐的艺术聚会，参加这次聚会的曾鲸、陈洪绶、彭天锡等人都是当时著名的画家和戏曲演员。弹弦吹箫、抚琴唱曲、写真画像、说书演剧、跳舞挥鞭……每个人都饶有兴致地参与其中，日常生活与文化艺术在此完美交融。

① 张岱. 陶庵梦忆 西湖梦寻［M］. 路伟，郑凌峰点校. 杭州：浙江古籍出版社，2018：51.

雅集是兴趣相投的人聚在一起消遣时光的社交活动，有时也附带一定程度的学术与政治目的。就形式组织而言，雅集相对松散随机，人员和时间有强的不确定性。雅集再往前一步便是结社。晚明之时，文人结社蔚然成风，各种性质的社团如雨后春笋，纷纷萌芽。其中不乏复社、几社这样有明确政治倾向，以议论时政、激浊扬清为核心的文人结社，而更多的则是以文化艺术、娱乐休闲等为主题的文人社团。仅在张岱笔下出现过的社团便有以切磋古琴技艺为主题的“丝社”、以斗鸡为主题的“斗鸡社”、以讲幽默笑话为主题的“噱社”、以饮食为主题的“饔社”……此外，还有写诗作曲、消夏避寒、旅游养老的社团，以及梦社（相聚解梦）、哭会（相约大哭）等形形色色的社团。这些社团的出现与繁荣，寓意着在晚明时期，将日常生活中的若干环节提取分列出来，作为一种独立对象进行审美研究与技艺研习的风气已经甚广甚深，艺术生活化与生活艺术的双向互动也愈加频繁。

张岱组织成立了越中地区的“丝社”，并在社团成立之初写了一篇“启”文，可以视为“丝社”的成立宣言：

中郎音癖，《清溪弄》三载乃成；贺令神交，《广陵散》至今不绝。器由神以合道，人易学而难精。幸生岩壑之乡，共志丝桐之雅。清泉磐石，援琴歌《水仙》之操，便足怡情；涧响松风，三者皆自然之声，政须类聚。偕我同志，爰立琴盟，约有常期，宁虚芳日。杂丝和竹，因以鼓吹清音；动操鸣弦，自令众山皆响。非关匣里，不在指头，东坡老方是解人；但识琴中，无劳弦上，元亮辈正堪佳侣。既调商角，翻信肉不如丝；谐畅风神，雅羡心生于手。从容秘玩，莫令解秽于花奴；抑按盘桓，敢谓倦生于古乐。共联同调之友声，用振丝坛之盛举。①

赏剧写戏　名动越中

晚明文人对戏曲有着特别的爱好。戏曲是一门综合艺术，融文学、音乐、舞蹈、美术等诸种艺术形式于一体。在这块新开辟的曲苑中，文人才士正可以大显身手，充分发挥自己的创作才能，培育各种奇花异葩。② 戏曲由昔日不登大雅之堂的小道末技，一跃成为缙绅士大夫孜孜以求不断钻研的高雅艺术门类。他们积极参与创作评论，有经济实力的甚至在家中蓄养戏曲班子，时人称之为“家班”。家养戏班与以谋生获利为目的的传统戏班不同，它主要是为了主人家的自我娱乐，有时也用以宴会表演、对外公演等。由于不具有营业性质，属于家养戏班的伶人不必为了生计而到处奔波，可以专心研习戏曲表演艺术。

蓄养家班的人通常是文化艺术修养较高的文人士大夫，他们的艺术审美能力与其家班的戏曲表演水平有着直接的关联。张岱家族从其祖父张汝霖起便开始蓄养家班：“我家声伎，前世无之，自大父于万历年间与范长白、邹愚公、黄贞父、包涵所诸先生讲究此道，遂破天荒为之。”经过数十年间的经营，张家的声伎先后有“可餐班”“武陵班”“梯仙班”“吴郡班”“苏小小班”“茂苑班”等多个戏班团队。“主人解事日精一日，而傒童技艺亦愈出愈奇。余历年半百，小傒自小而老、老而复小、小而复老者，凡五易之。”③ 张岱家的戏班历史悠久，

① 张岱. 张岱诗文集［M］. 夏咸淳辑校. 上海：上海古籍出版社，2018：243.
② 夏咸淳. 晚明士风与文学［M］. 北京：中国社会科学出版社，1994：77.
③ 张岱. 张岱诗文集［M］. 夏咸淳辑校. 上海：上海古籍出版社，2018：64.

前前后后人员更替了五次，又因为张岱的祖父、父叔及兄弟都痴迷于戏曲艺术，不论是赏鉴批评还是指导训练，都有着极高的艺术水平，因此张家的戏班在当时首屈一指。

张岱本人精通于戏曲鉴赏，并常延请名师大家对家班声伎进行指导。此外，张岱对演员的考核十分严格，时人称之为“过剑门”。正因突出的赏鉴能力与严格的训练方法，经他调教的伶人往往表演水平突飞猛进，身价倍增。《陶庵梦忆》中就记载了这样一个故事：

南曲中妓以串戏为韵事，性命以之。杨元、杨能、顾眉生、李十、董白以戏名，属姚简叔期余观剧。傒僮下午唱《西楼》，夜则自串。傒僮为兴化大班，余旧伶马小卿、陆子云在焉，加意唱七出。戏至更定，曲中大咤异。杨元走鬼房问小卿曰：“今日戏气色大异，何也？”小卿曰：“坐上坐者余主人。主人精赏鉴，延师课戏，童手指千，傒僮到其家谓‘过剑门’，焉敢草草！”杨元始来物色余。《西楼》不及完，串《教子》。顾眉生周羽，杨元周娘子，杨能周瑞隆。杨元胆怯肤栗，不能出声，眼眼相觑，渠欲讨好不能，余欲献媚不得，持久之，伺便喝采一二，杨元始放胆，戏亦遂发。嗣后曲中戏，必以余为导师，余不至，虽夜分不开台也。以余而长声价，以余长声价之人而后长余声价者，多有之。[①]

当时南京的名妓都以演戏为风雅之事，将戏曲艺术视作性命一般，杨元、顾眉生、董白等都因演戏而闻名。张岱某次应约观看她们演出。因为深知张岱在戏曲上的造诣，所以大家都

① 张岱. 陶庵梦忆 西湖梦寻［M］. 路伟，郑凌峰点校. 杭州：浙江古籍出版社，2018：118–119.

战战兢兢，在张岱喝了几声彩后才开始放心表演。在此之后，南京的青楼中排演戏曲必定请张岱做指导，他若不到场，即使等到夜里也不开演。这则趣事固然有自我夸耀的成分，但也从另一角度证明了张岱在当时戏曲表演界的地位，以及戏曲艺术在晚明的风靡盛行。

张岱不仅有极高的戏曲鉴赏能力，而且善于戏曲创作。他对于戏曲剧本的写作形成了一套自己的观点："讲关目、讲情理、讲筋节。"也就是说，要在戏剧冲突中展开故事叙写和人物塑造，情节设置要符合戏曲人物的行事逻辑与思想情感，整个戏曲要有起承转合的行进节奏。明代传奇《燕子笺》的作者阮大铖，天启时依附阉党魏忠贤，弘光时又依附于权奸马士英，其人品为当时文人所不齿。张岱却很认可阮大铖戏曲创作的才能，对他的作品进行了客观评价："然其所打院本，又皆主人自制，笔笔勾勒，苦心尽出，与他班卤莽者又不同。故所搬演，本本出色，脚脚出色，出出出色，句句出色，字字出色。"①

张岱还以魏忠贤事败为主线内容创作了剧本《冰山记》，引起万人空巷的观演盛况：

魏珰败，好事者作传奇十数本，多失实，余为删改之，仍名《冰山》。城隍庙扬台，观者数万人，台址鳞比，挤至大门外。一人上，白曰："某杨涟。"口口谇嚓曰："杨涟！杨涟！"声达外，如潮涌，人人皆如之。杖万元白，逼死裕妃，怒气忿涌，噤断嚄唶。至颜佩韦击杀缇骑，嗥呼跳蹴，汹汹崩屋……

崇祯初年，魏忠贤事败，以此时事为内容创作的传奇有十

① 张岱. 陶庵梦忆 西湖梦寻［M］. 路伟，郑凌峰点校. 杭州：浙江古籍出版社，2018：126.

几本，但是大多不符合事实。张岱将相关传奇进行删改整理，创作了新的剧本。在城隍庙公演之时，上万人观看，台下密密麻麻，一直挤到大门外。观众被情节深深吸引着，遇到被阉党迫害的大臣“杨涟”出场时，观众大喊“杨涟”“杨涟”；演到阉党杖杀万元白、逼死裕妃的情节时，群情激奋，咬紧牙关；遇到颜佩韦击杀锦衣卫时，观众欢呼跳跃，声音大得快要使房屋崩塌。“是秋，携之至兖，为大人寿。一日，宴守道刘半舫。半舫曰：‘此剧已十得八九，惜不及内操、菊宴、及逼灵犀与囊收数事耳。’余闻之。是夜席散，余填词，督小傒强记之。次日，至道署搬演，已增入七出，如半舫言。半舫大骇异，知余所拘，遂诣大人，与余定交。”① 张岱在前往兖州为父亲祝寿之时，带着《冰山记》的剧本，宴请守道刘半舫。守道指出了剧本中缺失的几个事实，于是张岱连夜修改剧本，增加了情节和唱词，并督促伶人赶紧排演出来。第二天上台搬演，便已经是修改之后的新戏了。时人不禁惊叹于张岱的敏捷创作才思与其家戏班精湛的表演水平。

张岱的季叔张烨芳是个不折不扣的纨绔子弟，但他于戏曲艺术有着不俗见解。这位一生特立独行的浪荡子为自家戏班写过两副对联，给张岱留下了深刻印象：

其一：
果证幽明，看善善恶恶随形答响，到底来那个能逃；
道通昼夜，任生生死死换姓移名，下场去此人还在。
其二：
装神扮鬼，愚蠢的心下惊慌，怕当真也是如此；

① 张岱. 陶庵梦忆 西湖梦寻［M］. 路伟，郑凌峰点校. 杭州：浙江古籍出版社，2018：119.

成佛作祖，聪明人眼底忽略，临了时还待怎生？[①]

虽是讲戏剧，却又何尝不是对人生的写照？明末风云变幻的时局让张岱感受到前所未有的茫然与困惑：一边是浮华奢侈、挥霍无度，在金陵秦淮河畔的靡靡之音中，他享受着江南日常生活的风雅与逸乐；一边是内忧外患、山雨欲来，在绍兴城隍庙戏台前的观众脸上，他又仿佛看到了大明王朝末日到来的种种预兆和迹象。戏曲如同一面“幻镜”，它于台上演员的悲欢离合中，照见人间生活的诸种可能；在台下观众的喜怒哀乐里，折射出一个时代的人们最为真实的情感与态度。

① 张岱. 陶庵梦忆 西湖梦寻［M］. 路伟，郑凌峰点校. 杭州：浙江古籍出版社，2018：89.

第二节　日常趣事

张岱对平凡日常中出现的各类新奇有趣的事物充满了兴致和热爱，晚明江南繁华富庶的市井乡间生活，则为他捕捉各种日常生活中的“闪光点”提供了绚烂多姿的舞台。日常生活中所发生的趣事，不论幽默诙谐、紧张刺激，还是玄妙神秘，都是具有一定审美价值的存在；而张岱笔下的日常生活点滴汇聚在一起，便是一幅波澜壮阔的晚明江南百姓“日常生活美学长卷”。

斗鸡跑马　放浪市井

生活在江南绍兴的张岱，其家族自高祖开始几代为官，积攒了丰饶厚实的资产，是当地的名门望族。然而优渥的家境也滋生了一批纨绔子弟，自张岱的父叔辈起，家族子弟便已开始沾染游手好闲之风。张岱的父亲张耀芳沉迷于修仙问道，同时极好土木楼船、鼓吹戏曲等，尤好饕餮美食。张岱在《家传》中记载：“盖先子身躯伟岸，似舅祖朱石门公而稍矮。壮年与朱樵风表叔较食量，每人食肥子鹅一只，重十觔，而先子又以鹅汁淘面，连啜十余碗，表叔捧腹而遁。”[①] 张耀芳在饭量比赛中从来未落下风，过量的饮食也令他日渐肥胖，并且患上了

① 张岱. 张岱诗文集［M］. 夏咸淳辑校. 上海：上海古籍出版社，2018：309.

严重的消化系统疾病。张岱的季叔张烨芳“生而跛扈，不喜文墨，招集里中侠邪，相与弹筝蹴鞠，陆博樗蒲，傅粉登场，斗鸡走马，食客五六十人。常蒸一豭飨客，啖者立尽，据床而嘻”①。张烨芳生性桀骜。他嗜吃橘子，每当橘子成熟，便在房中堆得到处都是。冬天小厮们给他剥橘子，个个都剥得双手龟裂蜡黄。到了张岱这一代，就更不堪大用，多是游离于主流之外的“浪荡公子哥”，其中不乏“穷极秦始皇”张萼这样的奇葩。张萼是张岱二叔张联芳的独子，从小备受娇惯宠爱，性情急躁。张岱在《五异人传》中记载张萼在夫人商氏去世后，性情愈发暴躁，将婢女殴打得皮开肉烂。张萼的所作所为差点在绍兴城引发民变，后来他的岳父商周祚和连襟祁彪佳不得不出面调停。张萼还爱打官司，凡是冒犯他的人都被他诉之公堂，即使花一两年耗费上千两银子也在所不惜。

身为张家的长房长孙，张岱从小便被祖父张汝霖寄予厚望，读书社交皆由祖父亲授。因此张岱在很小的时候，就与晚明的许多文化名人有过交集。六岁时，张岱就与当时的“明星山人”陈继儒有过一次智慧交锋。陈继儒听闻张岱善对对联，就指着画屏上的《李白骑鲸图》出了个上联：“太白骑鲸，采石江边捞夜月。”而机智的张岱看到骑着鹿悠游钱塘的陈继儒，便对道：“眉公跨鹿，钱塘县里打秋风。”引得陈继儒连连大笑，高兴得跳了起来，称赞张岱：“那得灵隽若此！吾小友也。”② 天资聪颖的张岱在成年后面对科举考试时却手足无措。屡试不第的他终于万念俱灰，彻底放弃了科举入仕这条出路，放浪形骸于斗鸡走马的俗世生活当中。

---

① 张岱. 沈复燦钞本琅嬛文集［M］. 路伟，马涛点校. 杭州：浙江古籍出版社，2016：297.

② 张岱. 张岱诗文集［M］. 夏咸淳辑校. 上海：上海古籍出版社，2018：342.

斗鸡是当时都市之中人们喜欢进行的一项娱乐活动，张岱年轻时也酷爱斗鸡。他曾煞有介事地为自己的斗鸡写下一篇战斗檄文，形象描绘了“鸡将军”战斗之时的威风场景：“张两翼以战垓心，敢辞踯躅；拔一毛而利天下，何惜飘零。蓄锐桃源，留作穴中之斗；争雄巨鹿，藉为壁上之观。磨喙垂头，有如季犁之战象；绘衣散彩，无异田单之火牛。翎堕而血溅桃花，冠碎而肉攒罂粟。”在斗鸡胜利之后，他自然不吝夸赞：“凯旋饮至，当加禄米千钟；纪录叙功，应晋羽林一级。画形麟阁，不必忧走狗之烹；记续凌烟，乃可比鹰扬之烈。声教远颁于雁塞，军威直振于鸡林。”①

“天启壬戌间好斗鸡，设斗鸡社于龙山下，仿王勃《斗鸡檄》檄同社。仲叔、秦一生，日携古董、书画、文锦、川扇等物与余博，余鸡屡胜之。仲叔忿懑，金其距，介其羽，凡足以助其腷膊敠咮者无遗策，又不胜。人有言徐州武阳侯樊哙子孙斗鸡雄天下，长颈乌喙，能于高桌上啄粟。仲叔心动，密遣使访之，又不得，益忿懑。一日，余阅稗史，有言唐玄宗以酉年酉月生，好斗鸡而亡其国，余亦酉年酉月生，遂止。”②天启年间，张岱在龙山下设立“斗鸡社”，吸引喜爱斗鸡的亲朋好友前来“切磋”。斗鸡以古董、书画等值钱物件为筹码，张岱的鸡在战斗中屡屡获胜。张岱的二叔采取了各种办法，却始终不能在斗鸡中打败张岱，这令他十分郁闷。张岱听闻出生于酉年酉月的唐玄宗因斗鸡而亡国，加上自己也出生于酉年酉月，因此便舍弃了这项爱好。这种说法固然有迷信之处，但是我们亦能从中看出，张岱并非全然只图享乐的纨绔之辈，虽喜

① 张岱. 张岱诗文集［M］. 夏咸淳辑校. 上海：上海古籍出版社，2018：255-256.

② 张岱. 陶庵梦忆　西湖梦寻［M］. 路伟，郑凌峰点校. 杭州：浙江古籍出版社，2018：47.

爱斗鸡也并非完全沉迷放纵，而是将之视为日常生活中的一件愉悦妙趣之事，持一种审美欣赏的心态。

与当时的大多数公子哥一样，张岱还喜欢策马驰骋。他兴奋地记录下自己亲身参与的一次江南地区少见的狩猎活动：

> 戊寅冬，余在留都，同族人隆平侯与其弟勋卫、甥赵忻城，贵州杨爱生，扬州顾不盈，余友吕吉士、姚简叔，姬侍王月生、顾眉、董白、李十、杨能，取戎衣衣客，并衣姬侍。姬侍服大红锦狐嵌箭衣、昭君套，乘款段马，鞲青骹，绁韩卢，铳箭手百余人，旗帜棍棒称是，出南门，校猎于牛首山前后，极驰骤纵送之乐。得鹿一、麂三、兔四、雉三、猫狸七。看剧于献花岩，宿于祖堂。次日午后猎归，出鹿麂以飨士，复纵饮于隆平家。江南不晓猎较为何事，余见之图画戏剧，今身亲为之，果称雄快。然自须勋戚豪右为之，寒酸不办也。①

不同于江南地区温婉绮靡的审美格调，山中打猎却是一件雄快威武之事，游艺广泛如张岱，也并非经常得以参与。与好友的这次牛首山打猎活动，堪称一次别开生面的“极限挑战”，体会的是别样畅快威风之乐、刚健有力之美。田猎带给人快乐，在速度、激情与杀戮之中，人潜意识中的本性欲望和原始冲动得到了满足与释放。② 而这种极限体验非勋贵显宦之家不可得，只能是少数群体的专享之事。

祈雨滑雪　漫行乡野

除了繁华城市中豪奢逸乐的贵族消遣，村间乡间的俗韵野趣也甚为张岱所喜爱。晚明文人多好“村居”，以远离闹市人

① 张岱. 陶庵梦忆 西湖梦寻［M］. 路伟，郑凌峰点校. 杭州：浙江古籍出版社，2018：54-55.
② 刘悦笛，赵强. 无边风月：中国古典生活美学［M］. 成都：四川人民出版社，2015：238.

群的烦扰与喧闹。比如陈继儒就曾对其好友许玄祐所居的乡间宅邸艳羡不已，认为“其地多农舍渔村，而饶于水，水又最胜”①。乡村对爱好山水的张岱来说有着极大的吸引力，乡间的各种农事活动与民俗仪式也深深感染着这位热爱生活的富家公子，他在乡野漫行中感悟着人间日常的烟火气息。

崇祯五年（1632）七月，江南大旱，张岱生活的绍兴“村村祷雨，日日扮潮神海鬼，争唾之”。这是当时民间一种独特的祈雨方式，即呵斥训骂由人扮演的河神海鬼，意图震慑鬼神，令其降雨。张岱的乡里扮演的是晚明流行的通俗小说《水浒传》中的人物：

> 于是分头四出，寻黑矮汉，寻梢长大汉，寻头陀，寻胖大和尚，寻茁壮妇人，寻姣长妇人，寻青面，寻歪头，寻赤须，寻美髯，寻黑大汉，寻赤脸长须。大索城中，无则之郭、之村、之山僻、之邻府州县，用重价聘之，得三十六人。梁山泊好汉，个个呵活，臻臻至至，人马称娖而行，观者兜截遮拦，直欲看杀卫玠。②

人们四下分头寻找与水浒人物相似的人，足迹遍及城里村镇、山乡僻壤甚至邻近的府州县，高价聘请了三十六个形神兼备的“梁山好汉”演员。他们扮上之后一个个活灵活现，排成一队向前行进。乡里的百姓纷纷前来围观堵截，就像魏晋时期“看杀卫玠”那样的疯狂。

祈雨仪式变成了一次声势浩大的水浒人物“角色扮演”活动，这引来了很多人的质疑。比如，张岱的叔祖张汝懋喃喃

① 陈继儒．陈眉公小品［M］．胡绍棠选注．北京：文化艺术出版社，1996：66.

② 张岱．陶庵梦忆 西湖梦寻［M］．路伟，郑凌峰点校．杭州：浙江古籍出版社，2018：108.

怪问张岱道："《水浒》与祷雨有何义味？近佘山盗起，迎盗何为耶？"张岱的回答却十分机灵："有之。天罡尽，以宿太尉殿焉。用大牌六，书'奉旨招安'者二，书'风调雨顺'者一，'盗息民安'者一，更大书'及时雨'者二，前导之。"① 水浒人物"角色扮演"与祈雨仪式并无多大关联，张岱对此心知肚明，而这场"荒诞"仪式本质上是人们借祈雨活动进行的"乡村狂欢"。如果强说关联，那可能是号称"及时雨"的宋江大约会带来一场久旱后的"及时雨"吧！

乡村的各种仪式活动确实热闹，但也有着宁静安逸的一面，敏锐如张岱总能发现其中妙趣。

雷殿在龙山磨盘冈下，钱武肃王于此建蓬莱阁，有断碣在焉。殿前石台高爽，乔木萧疏。六月，月从南来，树不蔽月。余每浴后拉秦一生、石田上人、平子辈坐台上，乘凉风，携肴核，饮香雪酒，剥鸡豆，啜乌龙井水，水凉冽激齿。下午着人投西瓜浸之，夜剖食，寒栗逼人，可雠三伏。林中多鹘，闻人声辄惊起，磔磔云霄间，半日不得下。②

雷公殿在绍兴龙山磨盘冈下，为唐末节度使、吴越国王钱镠所建，至晚明时早已萧条，只剩断裂的碑石和萧索的乔木。六月盛夏的夜晚，朗月高悬，张岱与秦一生、张平子等人高坐于殿前的台上，吹着凉风，带着酒肉干果，喝着乌龙井水，吃着西瓜，很是闲适。

天启六年（1626）十二月，绍兴城连下了数天大雪，深三尺有余。雪过天晴，张岱带着家里的戏班登上龙山：

① 张岱. 陶庵梦忆 西湖梦寻［M］. 路伟，郑凌峰点校. 杭州：浙江古籍出版社，2018：108.
② 张岱. 陶庵梦忆 西湖梦寻［M］. 路伟，郑凌峰点校. 杭州：浙江古籍出版社，2018：111.

……坐上城隍庙山门，李芥生、高眉生、王畹生、马小卿、潘小妃侍。万山载雪，明月薄之，月不能光，雪皆呆白。坐久清洌，苍头送酒至，余勉强举大觥敌寒，酒气冉冉，积雪欲之，竟不得醉。马小卿唱曲，李芥生吹洞箫和之，声为寒威所慑，咽涩不得出。三鼓归寝。马小卿、潘小妃相抱从百步街旋滚而下，直至山趾，浴雪而立。余坐一小羊头车，拖冰凌而归。①

群山皆被皑皑白雪覆盖，明月紧靠着雪山，月光与山雪上下一白。山中寒气甚重，即使痛饮御寒也喝不醉。家班小厮们吹箫唱曲，声音也仿佛被严寒凝冻住了一般，呜咽滞涩难以发出。夜深了，张岱的两个小厮相互抱着从山上滚到山脚，全身都是积雪，张岱则驾着一个小车从雪山上滑了下来。

绍兴的酷暑与严寒虽令人难耐，但因乡间的祈雨、滑雪等活动而显得别有趣味。张岱的父亲张耀芳干脆在乡间建了一个名为“众香国”的园林。园中既有柑橘等多种作物，又有池塘鱼宕，其中植有荷花莲房、菱角芡实，养有数不胜数的鱼。该园堪称进行渔耕劳作等农事活动的乐土：

二十年前强半住众香国，日进城市，夜必出之。品山堂孤松箕踞岸帻入水。池广三亩，莲花起岸，莲房以百以千，鲜磊可喜。新雨过，收叶上荷珠煮茶，香扑烈。

门外鱼宕横亘三百余亩，多种菱芡。小菱如姜芽，辄采食之，嫩如莲实，香似建兰，无味可匹。深秋，橘奴饱霜，非个个红绽不轻下剪。②

① 张岱. 陶庵梦忆 西湖梦寻［M］. 路伟，郑凌峰点校. 杭州：浙江古籍出版社，2018：111.
② 张岱. 陶庵梦忆 西湖梦寻［M］. 路伟，郑凌峰点校. 杭州：浙江古籍出版社，2018：112.

冬季是捕鱼的好时节，人们会带上渔网、渔叉、渔罩等各种工具。捕捞之时水中泛起污泥，池塘像泥浆那样浑浊；网中满满当当全是捕获的鱼，光是上交的鱼税就得三百多斤；大家满载而归，分鱼烹食，痛饮狂欢：

> 季冬观鱼，鱼艓千余艘，鳞次栉比，罱者夹之，罛者扣之，籍者罨之，罾者撒之，罩者抑之，罣者举之，水皆泥泛，浊如土浆。鱼入网者圉圉，漏网者噞噞，寸鲵纤鳞，无不毕出。集舟分鱼，鱼税三百余斤，赤瞰白肚，满载而归。约吾昆弟，烹鲜剧饮，竟日方散。①

这种农事活动不以养家糊口为目的，而是带有浓厚的审美色彩，是一种别样的乡居体验。

幽默闹剧　快活人间

明代中叶以来，伴随着商品经济的发展与物质生活的繁荣，士风渐渐趋向放逸自由，文人士大夫多有一种娱乐游戏心态。他们喜爱谈笑调侃，戏谑放浪，插科打诨，以此追求现世人间生活的快乐。泰州学派王艮曾说："人心本自乐，自将私欲缚。"② 罗汝芳则认为："盖人之出世，本由造物之生机，故人之为生，自有天然之乐趣。"③ 人活一世，本就应当顺应造物自然，追求心灵的愉悦至乐。李贽、徐渭、冯梦龙等晚明名士皆是喜好雅谑、性情狂浪之人，而晚明时大量出现的笑话类书籍、神魔传奇、世情小说等，也都向我们展示了一个言辞幽默放浪、想象天马行空的"快活时代"。

---

① 张岱. 陶庵梦忆 西湖梦寻［M］. 路伟，郑凌峰点校. 杭州：浙江古籍出版社，2018：113.
② 黄宗羲. 明儒学案［M］. 沈芝盈点校. 北京：中华书局，2008：718.
③ 黄宗羲. 明儒学案［M］. 沈芝盈点校. 北京：中华书局，2008：791.

张岱的二叔张联芳也是一个诙谐幽默之人，曾与漏仲容、沈虎臣、韩求仲等人结成“噱社”[①]，即专门比赛讲笑话的社团。漏仲容是当时的科举名士，却常常以读书作文讽刺玩笑，尝曰：

吾辈老年读书做文字，与少年不同。少年读书，如快刀切物，眼光逼注，皆在行墨空处，一过辄了。老年如以指头掐字，掐得一个，只是一个，掐得不着时，只是白地。少年做文字，白眼看天，一篇现成文字挂在天上，顷刻下来，刷入纸上，一刷便完。老年如恶心呕吐，以手挖入齿哕出之，出亦无多，总是渣秽。

张岱认为“此是格言，非止谐语”。这则幽默笑话固然是对自我年岁日高、江郎才尽的解嘲，但同时又何尝不是对僵化落后治学环境的讽刺？高明之士善于寓庄于谐，寓教于乐，寓讽喻劝诫于笑谈。[②] 以一种漫不经心、嗤之以鼻的姿态揭露人世间的丑陋不平之事，在引人发笑之时却也引人深思。

幽默诙谐也是一种智慧的体现。袁中道曾说：“至于人，别有一种俊爽机颖之类，同耳目而异心灵，故随其口所出，手所挥，莫不洒洒然而成趣。”[③] 这种“俊爽机颖”的智慧，不仅需要乐观的心态，也需要丰富的才学。“噱社”中还有这样一则经典笑话。沈虎臣看到张联芳脑袋上戴的帽套被座师收走，作了一首搞笑的打油诗：“座主已收帽套去，此地空余帽套头。帽套一去不复返，此头千载冷悠悠。”这首诗显然是对

① 张岱. 陶庵梦忆 西湖梦寻［M］. 路伟，郑凌峰点校. 杭州：浙江古籍出版社，2018：98.
② 夏咸淳. 晚明士风与文学［M］. 北京：中国社会科学出版社，1994：141.
③ 袁中道. 珂雪斋集［M］. 钱伯城点校. 上海：上海古籍出版社，1989：456.

唐代崔颢著名的《黄鹤楼》一诗的“剥皮”，原诗为：“昔人已乘黄鹤去，此地空余黄鹤楼。黄鹤一去不复返，白云千载空悠悠。”沈虎臣解构了原诗中厚重沧桑的时空咏叹，套用原诗韵格，而对日常生活中的寻常小事进行幽默戏谑，充满了智慧与快乐的光芒。

为何晚明士人对人生之乐格外在意？或许公安派文人江盈科写的下面这段话可以给我们答案：“人生大块中，百年耳。才谢乳哺，入家塾，即受蒙师约束。长而为民，则官法束之。为士，则学政束之。为官，则朝仪束之。终其身，处乎利害毁誉之途，无由解脱，庄子所谓一月之间开口而笑者，不能数日。噫！亦苦矣！”① 可见当时人们对人生苦短的感叹！人的一生短暂不过百年，而从呱呱坠地那天开始，就无时无刻不在规则约束的枷锁之中，真正率性而为、无忧无虑的日子屈指可数。因此，如何按照自己的心意度过一生而不为名利欲望、名教纲常等枷锁牢笼所规训拘束，是较为开明的晚明文人所探索的精神课题。张岱显然在身体力行地践行着这种“快乐人间”的理念。

言语辞令的幽默诙谐、插科打诨只是追求日常之乐的一个方面，年轻时的张岱更有许多实际行动堪称“经典恶作剧”。比如《陶庵梦忆·金山夜戏》便记载了一件令人哭笑不得的事。崇祯二年（1629）的中秋节过后，张岱经过镇江金山寺。当时已经是深夜了，然而张岱却想到了一个“整蛊”的好主意：

余呼小仆携戏具，盛张灯火大殿中，唱韩蕲王金山及长江

① 江盈科纂．江盈科集［M］．黄仁生辑校．长沙：岳麓书社，2008：305.

大战诸剧。锣鼓喧填，一寺人皆起看。有老僧以手背搬眼翳，翕然张口，呵欠与笑嚏俱至。徐定睛视为何许人，以何事何时至，皆不敢问。剧完将曙，解缆过江。山僧至山脚目送久之，不知是人、是怪、是鬼。①

夜深人静忽然锣鼓喧天，大戏开演，可以想象一头雾水的僧人惊愕好奇的表情，甚至弄不清这些演戏的是人是鬼，是梦境还是现实，这称得上是古代的“快闪行动”了。张岱不无兴奋地记录下来这次心血来潮的恶作剧，今天我们从这篇文章中还能感受到张岱对自己这场“恶搞”的洋洋自得和兴奋炫耀，其偶尔率性荒诞的行为无疑给平凡的日常生活增添了许多趣味和欢乐。

搞怪别人还不够，张岱有时甚至用自己的生命安全进行玩笑冒险。《陶庵梦忆·炉峰月》② 便记载了一次颇为新鲜刺激的奇幻之旅：炉峰高耸险要，“千丈岩陬牙横梧，两石不相接者丈许，俯身下视，足震慑不得前”。想要登顶，费时费力，十分不易。某个午后，张岱同二三友人登炉峰看落日。一友曰：“少需之，俟月出去。胜期难再得，纵遇虎，亦命也。且虎亦有道，夜则下山觅豚犬食耳，渠上山亦看月耶？”为了看到炉峰之月，他们竟然不怕夜晚山中出没的猛兽老虎，还安慰自己道：老虎晚上就下山觅食了，不会同他们一起在山上赏月。“日没月出，山中草木都发光怪，悄然生恐。月白路明，相与策杖而下。行未数武，半山嗚呼，乃余苍头同山僧七八人，持火燎、鞾刀、木棍，疑余辈遇虎失路，缘山叫喊耳。余

① 张岱. 陶庵梦忆 西湖梦寻［M］. 路伟，郑凌峰点校. 杭州：浙江古籍出版社，2018：8.
② 张岱. 陶庵梦忆 西湖梦寻［M］. 路伟，郑凌峰点校. 杭州：浙江古籍出版社，2018：73.

接声应，奔而上，扶掖下之。”夜晚真正到来的时候，山中草木都发着诡异的光，恐怖的氛围开始出现，一行人这才开始害怕。他们拉着手，策杖而下。张岱家的老仆害怕他遇到老虎迷失道路，找了七八个人，拿着火燎、鞥刀、木棍沿山叫喊，这才找到张岱一行人。次日这件事便传扬开来，民间把他们当成了山贼大盗，而张岱的反应是“匿笑不之语”。他此时想到的是魏晋名士谢灵运：“谢灵运开山临澥，从者数百人，太守王琇惊骇，谓是山贼，及知为灵运乃安。吾辈是夜不以山贼缚献太守，亦幸矣。”在惊险的风波过后还不忘自我揶揄，张岱对生活之随性豁达的态度由此可见。

第四章

时空之美

· 起居园林

· 悠游行旅

· 时令节庆

日常生活中的人、事、物、景等诸种审美要素，都处在同一个完整的时空当中。在这个“审美时空”之中，时间、空间作为日常生活的两个维度，是各种美学活动得以展开的客观基础。不过，“审美时空”又突破了时间与空间的限制，消除了主体和客体的对立，使人们在普通的日常生活中，感受到一种审美的自由与精神的超越。作为“生活美学家”的张岱，尤其擅长发现并制造“审美时空”。本章中，“起居园林”是他在静态视域下的时空营构，“悠游行旅”是其动态视域下的时空延展，“时令节庆”则是以节日为依托的特定时空下的“群体狂欢”。时隔数百年，我们依然能从相关文字中感受到属于张岱的“时空之美”。

第一节 起居园林

在晚明士人的生活美学中，园林堪称一项综合艺术。园林不仅是他们进行读书、游乐等活动的场所，与日常生活密切相关；而且集合了山水、林木、建筑、书画等多项艺术门类，最能彰显士人品位志趣与审美态度。吴小龙在谈及中国隐逸传统与休闲文化时曾言："中国的园林艺术，它就是中国文化传统中的士人们给自己营造出来的最休闲的小天地。"[①] 晚明时代，绍兴城中遍布私家园林。据祁彪佳所著《越中园亭记》记载，当时绍兴共有 240 余处园林。张氏一族修建园林时间较早，在张岱的高祖张天复时便已经启动，并且在数量和质量上堪称一绝。在张岱的笔下，不论是亭轩屋室、楼船河房的修建，还是园林的整体筑造，都展现出其对日常生活空间美学设计的独特趣味。

亭屋斋室 浑朴天成

居室对于传统士人来说，不仅是日常生活的主要活动空间，也是他们安顿身心的家园，更是一种文化精神、生存理念的显现。孔子对箪食瓢饮、身居陋巷的弟子颜回的高度评价，

① 吴小龙．试论中国隐逸传统对现代休闲文化的启示［J］．浙江社会科学，2005（06）：167-172.

是一种对儒家君子人格的推崇；陶渊明“结庐在人境，而无车马喧”，则是一种自我高洁志向的坚守……晚明时期，随着士人人生观念的变化，对个人生活体验的重视成为一种时代趋势，这种趋势在家居生活方面表现得尤为明显。[①] 晚明时期士人对生活居室的空间营构，其道德伦理的色彩逐渐褪去，彰显自我个性、自我追求的审美趣味渐渐增强。此时，与生活居所设计建造、陈列装潢相关的书籍也广受欢迎，如文震亨《长物志》、李渔《闲情偶寄》、计成《园冶》、高濂《遵生八笺》等。

在张岱家族的园林中，筠芝亭的建造时间最早，为张岱的叔祖张懋之所造，位于绍兴卧龙山巅，其设计也最为经典，被张岱视为美学标杆。

> 筠芝亭，浑朴一亭耳。然而亭之事尽，筠芝亭一山之事亦尽。吾家后此亭而亭者，不及筠芝亭；后此亭而楼者、阁者、斋者，亦不及。总之，多一楼，亭中多一楼之碍；多一墙，亭中多一墙之碍。太仆公造此亭成，亭之外更不增一椽一瓦，亭之内亦不设一槛一扉，此其意有在也。亭前后，太仆公手植树皆合抱，清樾轻岚，滃滃翳翳，如在秋水。亭前石台，躐取亭中之景物而先得之，升高眺远，眼界光明。敬亭诸山，箕踞麓下，溪壑潆回，水出松叶之上。台下右旋，曲磴三折，老松偻背而立，顶垂一干，倒下如小幢，小枝盘郁，曲出辅之，旋盖如曲柄葆羽。癸丑以前，不垣不台，松意尤畅。[②]

张岱对筠芝亭的评价只有“浑朴”二字，而这二字却足

① 赵洪涛. 明末清初江南士人日常生活美学［M］. 成都：四川大学出版社，2018：38.
② 张岱. 陶庵梦忆 西湖梦寻［M］. 路伟，郑凌峰点校. 杭州：浙江古籍出版社，2018：9.

以使其之后的各类轩、斋、楼、阁等园林建筑难以企及。亭子建成之后，亭外不再增加一根椽、一片瓦，亭内也不设一道槛、一扇窗。亭后太仆公亲手所植之树木已有合抱之粗，树间弥漫着薄如云烟的山雾，如秋水般明净。亭前的石台空旷敞亮，为登高远眺的观者提供了绝佳视野。敬亭山等小山皆坐落在山下，山间小溪萦绕回环，溪水在松叶间缓缓流淌。石台下有棵苍松如同老者般弯腰而立，树干自树顶垂下如同一面旗帜，而其他细小树枝则弯曲盘旋。这棵树的树冠造型奇特，如同一把曲柄的鸟羽华盖。整个筠芝亭不建围墙，不建台阁，完美地与周边的自然环境融为一体，因地势高绝空旷而得以眼界光明，因奇松异树而有了苍劲古意，因溪水烟岚而生机灵动……

张岱还曾作《筠芝亭杂咏》[①] 二十五首来专门称赞筠芝亭。如《玉树坐月》写道："月色侵空阶，水中见藻荇。微风来树间，知是松柏影。"《女墙梅影》写道："月明林下意，谁与美人期？有似水清浅，横斜皆见之。"《霞外天灯》写道："山下暮烟横，渐见灯光薄。盥漱在银河，熊熊星力弱。"《筠芝乔木》写道："高木老秋山，空亭意自古。樾暗不通天，山炊常失午。"由此组诗，足可见筠芝亭景色之佳、意境之美。四方之景尽收目中，而四时之景又各有不同，仅一处亭，便可变幻出百种风貌，其佳妙至此，可谓增之一分太长，减之一分太短。浑然天成，朴中蕴秀，筠芝亭作为张氏家族园林建筑美学标杆的确当之无愧。

晚明时期袁中道曾说："数亩山园，栽花种药，峁屋竹阁，但能净扫地，亮糊窗，便翛然有致，不在华美。"[②] 这与

① 张岱．沈复燦钞本瑯嬛文集［M］．路伟，马涛点校．杭州：浙江古籍出版社，2016：224.
② 袁中道．珂雪斋近集［M］．平襟亚编次．上海：上海书店，1982：3.

张岱对“浑朴”这一居室美学风格的追求不谋而合。晚明士人日常居室的美学特质，不在奢华而在自然，不在富丽而在清雅。他们通过日常起居空间的设计布置，为自身构建起一个和谐安宁又生趣盎然的“生活场域”，并试图经由这种“生活场域”的美学营构路径，实现自身与外部世界的相对疏离和内心世界的和谐融洽，以“诗意栖居”的方式达到一种“天人合一”的理想精神境界。正如文震亨在《长物志》中所言：“韵士所居，入门便有一种高雅绝俗之趣。”①

在《陶庵梦忆》中，张岱记录了他参与设计的两个非常具有代表性的生活居室：梅花书屋和不二斋。

陔萼楼后老屋倾圮，余筑基四尺，乃造书屋一大间。傍广耳室如纱幮，设卧榻。前后空地，后墙坛其趾，西瓜瓤大牡丹三株，花出墙上，岁满三百余朵。坛前西府二树，花时积三尺香雪。前四壁稍高，对面砌石台，插太湖石数峰。西溪梅骨古劲，滇茶数茎，妩媚其傍。梅根种西番莲，缠绕如缨络。窗外竹棚，密宝襄盖之。阶下翠草深三尺，秋海棠疏疏杂入。前后明窗，宝襄西府，渐作绿暗。余坐卧其中，非高流佳客，不得辄入。慕倪迂“清闷”，又以“云林秘阁”名之。②

老屋倒塌后，张岱将原来的地基加高了四尺，建造了一间大书屋，便是“梅花书屋”。他在书屋旁边建了一间小小的耳室，用来放置床榻，还在书屋的后墙根修建了花坛，种上三株硕大的牡丹。花沿着后墙向上攀延生长，每年可开三百余朵。花坛前种有两棵西府海棠，开花时像堆积了三尺高的香雪。他

① 文震亨. 长物志［M］. 陈剑点校. 杭州：浙江人民美术出版社，2019：135.

② 张岱. 陶庵梦忆 西湖梦寻［M］. 路伟，郑凌峰点校. 杭州：浙江古籍出版社，2018：28.

又在书屋前砌了高高的石台，上面堆插着几座太湖石叠起的山峰，前面种着骨力劲健的西溪梅、妩媚多姿的滇茶花，以及如同璎珞般婉转缠绕的西番莲。窗外搭有竹棚，覆盖着厚密严实的蔷薇。屋前台阶下种有三尺深的绿草，稀疏点缀着秋海棠。梅花书屋前后本有明亮的窗户，但是因为屋前的蔷薇和屋后的西府海棠，光影渐渐转为暗绿。

梅花书屋的设计以前后、高低的空间方位为基础，通过花草石木的搭配，带来居室色彩明暗等感官体验的变化。不二斋的设计则更多依据四时光阴的流转，按照季节时令的变化与特点，营造出不同审美意趣的日常生活空间体验。

不二斋，高梧三丈，翠樾千重。墙西稍空，腊梅补之，但有绿天，暑气不到。后窗墙高于槛，方竹数竿，潇潇洒洒，郑子昭“满耳秋声”横披一幅。天光下射，望空视之，晶沁如玻璃、云母，坐者恒在清凉世界。图书四壁，充栋连床；鼎彝尊罍，不移而具。余于左设石床竹几，帷之纱幕，以障蚊虻；绿暗侵纱，照面成碧。夏日，建兰、茉莉，芗泽浸人，沁入衣裾。重阳前后，移菊北窗下，菊盆五层，高下列之，颜色空明，天光晶映，如沉秋水。冬则梧叶落，蜡梅开，暖日晒窗，红炉毾㲪。以昆山石种水仙，列阶趾。春时，四壁下皆山兰，槛前芍药半亩，多有异本。余解衣盘礴，寒暑未尝轻出，思之如在隔世。①

不二斋原是张岱曾祖父张元忭营建，后为张岱所用。不二斋外种着三丈多高的梧桐树，绿荫蔽日，暑气不得侵入，日光照下来时仰头望天，光线莹澈透亮如同玻璃、云母，置身其中

① 张岱. 陶庵梦忆 西湖梦寻［M］. 路伟，郑凌峰点校. 杭州：浙江古籍出版社，2018：29.

仿佛进入了清凉世界。不二斋中堆满了张岱收藏的书籍字画与古董珍玩，摆放着石床、竹几，并用纱帐围起来抵挡蚊虫。绿荫映在纱帐上，把人的脸都照成了碧色。夏天，建兰茉莉香气袭人；秋天，菊花盆由低到高摆放五层，在秋日的照射下，空明澄净，晶莹灿烂；冬天，围炉裹毯而坐，赏落叶蜡梅，陈水仙于阶前；春天，四面墙壁下都是山兰花，门前种着半亩芍药，多为珍稀品种……不二斋有夏之浓艳、秋之高远、冬之暖意、春之生机，在四时变幻中，呈现着不同意趣的审美风貌。

园林营筑　诗意栖居

对晚明士人来说，营筑园林是他们想要摆脱尘世回归自然而不可得的“权宜之计”。在划地为园的过程中，士人也在尝试构建自我日常生活世界与主体精神世界。古典园林的意指即“在具体而微的景致中映射出天地自然、春秋四时的美景和妙理”①，并以此实现自我与自然的沟通连接，获得内心的安置和满足。晚明时期士人造园之风甚为盛行，出现了张南垣这样声名在外的专业“园林设计师”，而张岱的姻亲好友祁彪佳更在他本人的日记中，详细记录了祁氏之寓山别墅长达数年的修建过程，其工程之繁杂与靡费令人咋舌。园林营筑作为一个整体系统性的工程，往往需要耗费巨大的金钱与精力，同时也考验着造园者的经验智慧与审美品位。

清人沈复在《浮生六记》中曾说：“若夫园亭楼阁，套室回廊，叠石成山，栽花取势，又在大中见小，小中见大，虚中有实，实中有虚，或藏或露，或浅或深。”② 园林营筑有其自

① 刘悦笛，赵强. 无边风月：中国古典生活美学［M］. 成都：四川人民出版社，2015：245.
② 沈复. 浮生六记［M］. 彭令校. 北京：人民文学出版社，2010：27.

身的美学原则。不同于单个生活居室的陈列布置，园林尤其重视整体的设计规划与美学格调，而山石、花草、水域、建筑等“单体元素”也需要合宜的规格与搭配。正如晚明陈继儒所说：

门内有径，径欲曲；径转有屏，屏欲小；屏进有阶，阶欲平；阶畔有花，花欲鲜；花外有墙，墙欲低；墙内有松，松欲古；松底有石，石欲怪；石面有亭，亭欲朴；亭后有竹，竹欲疏；竹尽有室，室欲幽；室旁有路，路欲分；路合有桥，桥欲危；桥边有树，树欲高；树阴有草，草欲青；草上有渠，渠欲细；渠引有泉，泉欲瀑；泉去有山，山欲深；山下有屋，屋欲方；屋角有圃，圃欲宽；圃中有鹤，鹤欲舞；鹤报有客，客不俗；客至有酒，酒欲不却；酒行有醉，醉欲不归。①

张岱家族从其高祖张天复开始便进行园林营筑，张岱的祖父张汝霖、父亲张耀芳及叔伯兄弟、姻亲好友等都对建造园林有着极大的兴趣，江南各地遍布着张家及其至亲好友的园林。我们从这些风格各异的园林中，可领略到晚明士人造园建园的智慧及“诗意栖居”的美学追求。

无石不成园，园林营建中山石起着非常重要的作用。山石重叠垒合，对园林的空间进行分隔与连接，形成不同的地表景观，同时山石本身也可作为园林中的独特景致。山石，既是具体实物，能够用来构成园林实景；同时也具有写意之美，可以用于个性空间的营造。张岱在《陶庵梦忆·于园》一文中描述了“磥石”这一神奇景观：

① 陈继儒. 小窗幽记［M］. 陈桥生评注. 北京：中华书局，2008：168.

于园在瓜州步五里铺，富人于五所园也。非显者刺，则门钥不得出。葆生叔同知瓜州，携余往，主人处处款之。园中无他奇，奇在磥石。前堂石坡高二丈，上植果子松数棵，缘坡植牡丹、芍药，人不得上，以实奇。后厅临大池，池中奇峰绝壑，陡上陡下，人走池底，仰视莲花，反在天上，以空奇。卧房槛外，一壑旋下如螺蛳缠，以幽阴深邃奇。再后一水阁，长如艇子，跨小河，四围灌木丛，禽鸟啾唧，如深山茂林，坐其中，颓然碧窈。瓜州诸园亭，俱以假山显，胎于石，娠于磥石之手，男女于琢磨搜剔之主人，至于园可无憾矣。①

于园是扬州瓜洲（又作瓜州）富人于五修建的园林，能进入于园的人皆声名显赫。张岱的二叔张联芳当时在瓜洲做官，因此带着张岱一起前去参观。于园之奇，奇就奇在它的“磥石”：前堂有高达两丈的石坡，上面遍植果子松、牡丹、芍药等，人不得上。后厅紧连着大池，池有奇峰绝壑，忽上忽下高低起伏。人走在池底，抬头可见池中莲花仿佛长在天上。卧房外，一条深深的石谷盘旋而下，仿佛螺蛳的花纹缠绕，再往后有一处水阁，像小船那样跨在小河上，四周石头层叠。灌木丛生，加之禽鸟啼鸣，使人如同身处深山茂林之中……同样是山石垒就，在园中却呈现出截然不同的美学风貌：于园前堂石坡之“实”、后厅石池之“空”、卧房外石谷之“幽阴深邃”，以及水阁四周之“如深山茂林”，都有着独特的审美意境。张岱用一“奇”字表达了自己对于园之景的赞叹，不论空间布局或是细节打造，于园磥石皆独具匠心、不落窠臼。

不同于山石的沉稳厚重，流水的引入使园林显得灵动通

① 张岱. 陶庵梦忆 西湖梦寻［M］. 路伟，郑凌峰点校. 杭州：浙江古籍出版社，2018：70.

透、生趣盎然。《陶庵梦忆·砎园》中所记载的砎园，便有着对水的成功运用：

砎园，水盘据之，而得水之用，又安顿之若无水者。寿花堂，界以堤，以小眉山，以天问台，以竹径，则曲而长，则水之。内宅，隔以霞爽轩，以酣漱，以长廊，以小曲桥，以东篱，则深而邃，则水之。临池，截以鲈香亭、梅花禅，则静而远，则水之。缘城，护以贞六居，以无漏庵，以菜园，以邻居小户，则闷而安，则水之。水之用尽，而水之意色，指归乎庞公池之水。庞公池，人弃我取，一意向园，目不他瞩，肠不他回，口不他诺，龙山夔蚭，三折就之，而水不之顾。人称砎园能用水，而卒得水力焉。

大父在日，园极华缛。有二老盘旋其中，一老曰："竟是蓬莱阆苑了也！"一老啡之曰："个边那有这样！"①

砎园为张岱祖父张汝霖晚年所筑。据祁彪佳《越中园亭记》记载："张肃之先生晚年筑室于龙山之旁，而开园其左，有鲈香亭，临王公池上，凭窗眺望，收拾龙山之胜殆尽。寿花堂、霞爽轩、酣漱阁皆在水石萦回，花木映带处。"② 砎园之绝妙处正在于水，水完美自然地融于园中。堂、宅、轩、圃皆以水围绕，水将整个园林勾连成一个整体。因地而建的廊、桥、堤、亭、篱等水上建筑既隔离围合了园中各个功能空间，又自成一道美妙风景。水的线性流动如同天然的笔触，为园林勾勒出不同的形状与轮廓，而以水环绕的各个园林空间，则呈现出或曲而长、或深而邃、或静而远、或闷而安的审美特点，

① 张岱. 陶庵梦忆 西湖梦寻［M］. 路伟，郑凌峰点校. 杭州：浙江古籍出版社，2018：9-10.
② 祁彪佳. 祁彪佳集［M］. 中华书局上海编辑所整理. 北京：中华书局，1960：183.

因此时人赞叹砎园之美胜过“蓬莱仙境”。

素有“越中诸园之冠”称号的天镜园，是张岱祖父张汝霖晚年所居之处。据祁彪佳《越中园亭记》记载：“天镜园，出南门里许为兰荡，水天一碧，游人乘小艇过之，得天镜园。园之胜以水，而不尽于水也。远山入座，奇石当门，为堂为亭，为台为沼，每转一境界，则自有丘壑，斗胜簇奇，游人往往迷所入。其后五渡君（张岱之族祖父）新构南楼，尤为畅绝。越中诸园，推此为冠。”① 张岱自幼随祖父读书，天镜园亦是其常居之地。在《陶庵梦忆》中，张岱对天镜园留下了这样的生动记载：

> 天镜园浴凫堂，高槐深竹，樾暗千层。坐对兰荡，一泓漾之，水木明瑟，鱼鸟藻荇，类若乘空。余读书其中，扑面临头，受用一绿，幽窗开卷，字俱碧鲜。每岁春老，破塘笋必道此，轻舠飞出，牙人择顶大笋一株掷水面，呼园人曰：“捞笋！”鼓枻飞去。园丁划小舟拾之，形如象牙，白如雪，嫩如花藕，甜如蔗霜。煮食之，无可名言，但有惭愧。②

天镜园浴凫堂，四周都是高大的槐树与幽深的竹林。层层树荫投下来，光线变成了暗绿色。它的对面是一片叫作“兰荡”的水域，湖中碧波荡漾，水天一色。湖中之水和两岸树木明净可爱，鱼鸟和水草仿佛都在空中一样。在浴凫堂中临窗读书，满眼皆是无边的绿色，连书卷上的字都变得青翠鲜润。张岱仿佛很喜爱这种苍翠碧绿之色，在他对梅花书屋、不二斋及其他园林居所的描述中，绿色是经常出现的颜色。张岱所喜

① 祁彪佳. 祁彪佳集［M］. 中华书局上海编辑所整理. 北京：中华书局，1960：196.
② 张岱. 陶庵梦忆 西湖梦寻［M］. 路伟，郑凌峰点校. 杭州：浙江古籍出版社，2018：45.

爱的园林之绿并非暗沉阴冷与傲慢自矜，而是充盈着生活气息与生命活力。每到暮春之时，运送破塘笋的船必定会从天镜园前的水域经过，牙人们会选择其中最大的一个笋扔向水面，大声喊着园里的人捞笋。于是园中的仆人们便划着小船去水中捞笋，被捞起来的笋外观如象牙白雪，又像莲藕甘蔗那样鲜嫩香甜……天镜园不是与世隔绝的“乌托邦”，而面向鲜活广袤的日常生活敞开胸怀，是世俗红尘之中“诗意栖居”的天堂。

楼船河房　繁华到底

文震亨在《长物志》中写道：“居山水间者为上，村居次之，郊居又次之。”① 晚明士人格外注重自然生趣，其建造园林往往依山傍水。朱国祯《涌幢小品》曾言：“抚孤松而结庐，寻云水而泛宅，皆所寄焉。”② 周亮工《尺牍新钞》亦道：“所假小斋颇佳，湖光与天相并，草色与烟相乱，云来几上，树入帘间，大足供我啸傲。”③ 李渔则在湖上安置卧榻住所：“碧波千顷，环映几席，两峰六桥，不必启户始见，日在卧榻之前伺予动定……”④ 晚明时期，靠水而居、依水而园几乎是士人们共同的美学追求。水的灵动与澄澈，变幻出万千旖旎的风光，深深吸引着人们。许多颇有经济实力的士人家族更是干脆在水之上修建了可以移动的“园林居所”，这便是“楼船”。

张岱的父亲张耀芳曾在绍兴当地修建庞大的楼船：

家大人造楼，船之；造船，楼之。故里中人谓“船楼”，

① 文震亨. 长物志［M］. 陈剑点校. 杭州：浙江人民美术出版社，2019：23.
② 朱国祯. 涌幢小品［M］. 中华书局上海编辑所整理. 北京：中华书局，1959：3.
③ 周亮工辑. 尺牍新钞［M］. 米田点校. 长沙：岳麓书社，1986：112.
④ 李渔. 李渔全集：第一卷　笠翁一家言文集［M］. 单锦珩点校. 杭州：浙江古籍出版社，1991：39.

谓“楼船”，颠倒之不置。是日落成，为七月十五，自大父以下，男女老稚靡不集焉。以木排数重搭台演戏，城中村落来观者，大小千余艘。午后飓风起，巨浪磅礴，大雨如注，楼船孤危，风逼之几覆，以木排为戙，索缆数千条，网网如织，风不能撼。少顷风定，完剧而散。越中舟如蠡壳跼蹐，篷底看山，如矮人观场，仅见鞋靸而已，升高视明，颇为山水吐气。①

楼船建成之后，全族的男女老少都聚集在一起，用好几层木排搭成高高的戏台演戏，吸引了周边城中、村里的老百姓前来围观。看戏的老百姓们也都坐在船上，大大小小的舟船竟然聚集了千余艘。不一会儿突然起了暴风骤雨，巨浪滔天，几乎将楼船倾覆，人们只能用木桩紧紧系上数千条缆绳，像织网那样把楼船固定。在高大的楼船上观山水，其场景视野之宏阔，远非普通小船可比，也算为山水之风采“扬眉吐气”了。

晚明时期最引人关注的还属西湖上的“楼船”，譬如“不系园”。不系园，其名出自《庄子》“泛若不系之舟”之语，是徽商汪然明的私人楼船，长约六丈，宽约五丈，奢华精致无比。船上有书房、卧房、贮藏室等生活空间，而各类日常所需之物更是应有尽有。“不系园”长年泛于西湖之上，是晚明江南文化名流在西湖雅集聚会的重要场所，张岱在《不系园》一文中就记录了他在此船上的一次雅集。而西湖上的楼船，当以包涵所建造的最为有名：

西湖之船之楼，实包副使涵所创为之。大小三号：头号置歌筵，储歌童；次载书画；再次侍美人。涵老声伎非侍妾比，仿石季伦、宋子京家法，都令见客。靓妆走马，媻姗勃窣，穿

① 张岱. 陶庵梦忆 西湖梦寻［M］. 路伟，郑凌峰点校. 杭州：浙江古籍出版社，2018：125.

柳过之，以为笑乐。明槛绮疏，曼讴其下，擫籥弹筝，声如莺试。客至，则歌童演剧，队舞鼓吹，无不绝伦。乘兴一出，住必浃旬，观者相逐，问其所止。①

包涵所，即包应登，万历十四年（1586）进士，曾任福建提学副使。他建于西湖上的楼船有三号：头号楼船布置歌舞宴席，次号装载书画，最小的则载美人。包涵所蓄养的声伎远非一般侍妾可比，他效仿石崇、宋祁的做法，让这些美人抛头露面。她们经常浓妆艳抹，盛装出行，或骑高头大马，或步履轻盈穿过西湖边上的垂柳，以此作为玩笑取乐；在楼船的明栏花窗下，她们轻歌曼舞，奏乐弹筝，声音如同雏莺新啼般婉转动听。若有客人到访，楼船上便开始进行表演，皆精妙绝伦。包涵所的楼船一出，必在西湖上停留十天半月，围观的人们纷纷追逐而来。楼船之富丽堂皇，激起了西湖边人们对奢靡繁华的追逐。晚明时期，西湖边大户人家的园林别墅与楼船游艇更是鳞次栉比，其奢华程度较西晋石崇的金谷园也不相上下。难怪张岱发出了“索性繁华到底”的感叹。

同为靠水而居，晚明时期杭州的西湖楼船自是奢华风雅，而南京的秦淮河河房却摇曳着无限的市井风情：

秦淮河河房，便寓、便交际、便淫冶，房值甚贵，而寓之者无虚日。画船箫鼓，去去来来，周折其间。河房之外，家有露台，朱栏绮疏，竹帘纱幔。夏月浴罢，露台杂坐。两岸水楼中，茉莉风起，动儿女香甚。女客团扇轻纨，缓鬓倾髻，软媚着人。年年端午，京城士女填溢，竞看灯船。好事者集小篷船百什艇，篷上挂羊角灯如联珠，船首尾相衔，有连至十余艇

① 张岱. 陶庵梦忆 西湖梦寻［M］. 路伟，郑凌峰点校. 杭州：浙江古籍出版社，2018：46.

者。船如烛龙火蜃，屈曲连蜷，蟠委旋折，水火激射。舟中锹钹星铙，讌歌弦管，腾腾如沸。士女凭栏轰笑，声光乱乱，耳目不能自主。午夜，曲倦灯残，星星自散。钟伯敬有《秦淮河灯船赋》，备极形致。①

秦淮河两岸的河房价格昂贵，但从来不缺人住。秦淮河中，画船箫鼓来回穿梭，而秦淮两岸的河房也同样风光旖旎：河房之外，家家都有露台，精致的栏杆窗户，悬挂着竹帘纱幔。夏天的夜晚，人们在露台上随意坐下，女人们则手里拿着洁白的团扇，秀发轻绾，娇柔妩媚，楚楚动人。风夹杂着茉莉花的香味，打动着秦淮两岸水楼朱户中的少年与佳人。每年端午，青年男女大都会聚集在秦淮河边看灯。有人搜集了上百艘小船，在船篷上挂起一连串的羊角灯。小船彼此首尾相连，甚至十几艘连在一起，犹如盘旋曲折前行的烛龙火蛇一般。水中火光与两岸灯光交相辉映，船中奏乐鼓吹，热闹沸腾。秦淮河两岸的男男女女们倚栏大笑，声光错杂，令人耳目不得暇接，不知该观闻何处。直到午夜，疲惫的人们才如星星般渐渐散去。

与传统追求和谐自然、诗意栖居的园林建筑不同，张岱笔下的楼船河房皆极尽人间繁华热烈之事。同样作为日常生活的活动空间，其美学指向也有所不同，一静一动，一雅一俗，二者相辅相成，共同向我们展示了一个完整的士人日常生活场域空间。而通过他细腻的笔触，我们仿佛穿越历史的时空，再一次看到晚明时代的优雅与奢华、喧嚣与宁静。

① 张岱. 陶庵梦忆 西湖梦寻［M］. 路伟，郑凌峰点校. 杭州：浙江古籍出版社，2018：52.

第二节　悠游行旅

明代中叶之后，随着商品经济的繁荣与交通运输的发展，旅游作为一种改善提升生活品质的活动风靡一时。据宋应星《天工开物》记载："幸生圣明极盛之世，滇南车马纵贯辽阳，岭徼宦商衡游蓟北，为方万里中，何事何物不可见见闻闻？"[①]当时人们不仅可以借助舟船车马等交通工具就近观览山水名胜，并且伴随长途交通线路的开辟，前往更偏远的山海绝域进行探奇冒险也成为可能。与旅游相关的旅馆住宿、酒肆茶楼、商品百货等行业逐渐发展，更进一步刺激了旅游风气的兴盛。故而对晚明的人们来说，"读万卷书，行万里路"不再是一种理想，而是触手可及的现实。

在旅游之风的熏染之下，晚明士人几乎没有不爱游历的，如徐霞客、徐渭、李贽、汤显祖、王士性、谢肇淛、袁宏道、王思任、潘之恒等都留下了大量游记文字，而其中最有代表性的当属徐霞客。对晚明的士人来说，游不在"游"，而是借旅游这种生活方式来显示自己的生活品位与审美取向。[②] 在游历中，他们更喜去往远处、僻处、高处、深处、险处、奇处，明

① 宋应星. 天工开物［M］. 潘吉星点校. 北京：中华书局，1981：4.

② 刘悦笛，赵强. 无边风月：中国古典生活美学［M］. 成都：四川人民出版社，2015：288.

知有各种危险，也毫无惧怕之心，已然将观览山水之胜、搜寻山水之奇当作人生的最大乐趣和生命的重要价值。① 正如晚明名士陈子龙所言："嗟乎！士纵不能迅游瀛海，凿空异域，追五岳之踪，历八州之胜，而寓形户牖，弄姿闱房，何其鄙哉！"② 生活在旅游之风盛极一时的晚明的张岱，亦酷爱游历出行。他在科举失利之后更是放浪江湖，悠游于全国各地的风景名胜，在奇山异水、文化古迹中找寻心灵的寄托与慰藉。

自然山水　诗情乐志

张岱有诗云："余少爱嬉游，名山恣探讨。"③ 自然山水在张岱的旅游行程中，往往占有很大的比重。在晚明文人看来，山水不仅具有自然属性，而且具有审美意蕴。正如袁中道所言："山之玲珑而多态，水之涟漪而多姿，花之生动而多致，此皆天地间一种慧黠之气所成，故倍为人所珍玩。"④ 这种不可言说的"慧黠之气"，正是山水中蕴含的意趣精神与审美特质，而这种特质与人活泼泼的心体性灵相互呼应，成为人们安置自身精神世界的依据与凭藉。生活在绍兴的张岱，曾多次前往南京、苏州、杭州、镇江等地游览，而其中最令他念念不忘的风景当属杭州西湖。

西湖在古代文人心中有着不凡的地位，他们在此留下无数诗文佳话。在晚明时期，杭州西子湖畔的秀丽风光与富足繁华，更是吸引了众多士人才子。苏州才子尤侗在回到阔别十年的西湖时，激动地写道："自念十载相思，一朝邂逅，惊喜殆

① 夏咸淳．晚明士风与文学［M］．北京：中国社会科学出版社，1994：96.
② 陈子龙．陈子龙文集［M］．上海文献丛书编委会整理．上海：华东师范大学出版社，1988：45.
③ 张岱．张岱诗文集［M］．夏咸淳辑校．上海：上海古籍出版社，2018：151.
④ 袁中道．珂雪斋集［M］．钱伯城点校．上海：上海古籍出版社，1989：456.

不能持，左顾右盼，目挑魂与，而盈盈波眼，亦似含睇微笑，与游子相迎送也。”[①] 西湖此时仿佛含情脉脉等待心上之人归来的女子，有着无限的柔情与风姿。张岱曾说：“西湖如名妓，人人得而媟亵之；鉴湖如闺秀，可钦而不可狎；湘湖如处子，眠娗羞涩，犹及见其未嫁时也。”[②] 这里并非对西湖作负面评价，而是说西湖之美景风光，人人皆可观览亲近。

张岱尤爱西湖，他的家族在西湖边亦建有宅邸。因此，张岱游西湖能深入其中，与之“相狎相昵”，得到更为丰富独特的旅游体验。张岱不仅在《陶庵梦忆》中留下了许多关于西湖的文章，而且有几十首吟咏西湖的诗作。在诗中，他写道：“冶艳山川合，风姿烟雨生。奈何呼不以，一往有深情。”[③] 其对西湖之深情依恋由此可见一斑。张岱的五绝组诗《西湖十景》[④]，更将西湖美景描绘得淋漓尽致。下面试列几首：

苏堤春晓

烟柳隔桃花，红玉沉秋水。

文弱不堪扶，西施方睡起。

曲院风荷

新荷交远风，叶动玻璃碎。

香随暖气来，无酒亦自醉。

平湖秋月

秋空见皓月，冷气入林皋。

静听孤飞雁，声轻天正高。

---

① 曹文趣，周达先，等. 西湖游记选［M］. 杭州：浙江文艺出版社，1985：149.

② 张岱. 陶庵梦忆 西湖梦寻［M］. 路伟，郑凌峰点校. 杭州：浙江古籍出版社，2018：74.

③ 张岱. 张岱诗文集［M］. 夏咸淳辑校. 上海：上海古籍出版社，2018：89.

④ 张岱. 沈复燦钞本琅嬛文集［M］. 路伟，马涛点校. 杭州：浙江古籍出版社，2016：230.

断桥残雪

闲步十锦塘，道上蹴残雪。
疑是高柳阴，疏疏漏明月。

花港观鱼

清波净若空，丝丝见藻荇。
水际芙蓉开，游鱼啖花影。

南屏晚钟

山僧早闭门，轻岚薄如纸。
钟声出上方，夜渡空江水。

西湖的万种风姿令张岱沉醉，他将自己对西湖的爱留在了深情吟咏之中。关于西湖，最令人感动的文字当属他的《湖心亭看雪》：

崇祯五年十二月，余住西湖。大雪三日，湖中人鸟声俱绝。是日更定矣，余拏一小舟，拥毳衣炉火，独往湖心亭看雪。雾凇沆砀，天与云、与山、与水，上下一白。湖上影子，惟长堤一痕、湖心亭一点，与余舟一芥，舟中人两三粒而已。到亭上，有两人铺毡对坐，一童子烧酒，炉正沸。见余，大喜曰："湖中焉得更有此人！"拉余同饮。余强饮三大白而别。问其姓氏，是金陵人，客此。及下船，舟子喃喃曰："莫说相公痴，更有痴似相公者！"①

大雪过后，天地一片苍茫，西湖褪去了往日的婀娜风流之气，只一片净白素朴。张岱乘一小舟往湖心亭赏雪，在亭中偶遇了客居于此的金陵人，大家把酒言欢，不胜畅快。雪霁之良

① 张岱. 陶庵梦忆 西湖梦寻［M］. 路伟，郑凌峰点校. 杭州：浙江古籍出版社，2018：49.

辰，西湖之美景，尽兴游玩之赏心，偶遇同道之乐事，一次兴趣盎然的出游又何尝不是“情到深处便成痴”的体现。也正是这样的痴心深情，赋予日常生活时空浓厚的美学色彩。

张岱在明亡之后曾撰《西湖梦寻》一书。在序言中，他如此写道：

余生不辰，阔别西湖二十八载，然西湖无日不入吾梦中，而梦中之西湖，实未尝一日别余也。前甲午、丁酉，两至西湖，如涌金门、商氏之楼外楼、祁氏之偶居、钱氏余氏之别墅，及余家之寄园，一带湖庄，仅存瓦砾。则是余梦中所有者，反为西湖所无。及至断桥一望，凡昔日之弱柳夭桃，歌楼舞榭，如洪水淹没，百不存一矣！①

在《西湖梦寻》里，张岱不厌其烦地将西湖周边的景色地点一一陈列、娓娓道来，一点一滴拼贴起他关于西湖的“记忆地图”。在故国沦丧、山河易主之后，《西湖梦寻》中的西湖记录已经不是描山摹水，流连风景，而是饱含了深刻的思考与浓烈的情感。这种情感我们可以借用华裔人文地理学家段义孚的“恋地情结”概念来解释：“即人们对物质环境所有的情感纽带，这些纽带在强度、精细度和表现方式上都有着巨大差异，更为持久和难以表达的情感则是对某个地方的依恋，因为那个地方是他的家园和记忆储藏之地。”② 西湖于张岱而言，正是这样的精神家园和文化记忆的储藏之地，有着别样的意义与价值。

对游客来说，要发现欣赏自然山水中的美，往往需要丰富

① 张岱. 陶庵梦忆 西湖梦寻［M］. 路伟，郑凌峰点校. 杭州：浙江古籍出版社，2018：7.
② 段义孚. 恋地情结［M］. 志丞，刘苏译. 北京：商务印书馆，2018：136.

的审美感知与深厚的审美修养。自然山水并非浑然块垒一成不变，而是瞬息万变，时刻呈现出不同的景致与气象。若无独到敏锐的审美眼光，则很难捕捉自然山水之美，所谓“美不自美，因人而彰”便是此理。《陶庵梦忆》对自然景物之美的描摹叙写极少有重复雷同之处。仅以长江为例，其在不同时间、不同地点呈现出截然不同的审美风貌：“月光倒囊入水，江涛吞吐，露气吸之，噀天为白”①，这是《金山夜戏》中呈现的月夜下奇丽梦幻的长江；《燕子矶》写“水势湁潗，舟人至此，捷捽抒取，钩挽铁缆，蚁附而上。篷窗中见石骨棱层，撑拒水际，不喜而怖”②，使长江之水势凶险、行船之艰难呼之欲出；《焦山》中的“江曲涚山下，水望澄明，渊无潜甲，海猪、海马，投饭起食，驯扰若豢鱼”③，则是长江静谧清幽、澄澈温柔、生动可爱的一面；《栖霞》中，作者登上栖霞山，“看长江帆影，老鹳河、黄天荡，条条出麓下，悄然有山河辽廓之感”④，宏阔壮丽，令人震撼……

钟情于自然山水的张岱不仅足迹遍布江南各地，而且善于发现身边易被人忽视的山水美景。自然山水不仅是静态的审美对象，更是参与到张岱的生活之中，成为他日常生活审美实践密不可分的一部分。他在《陶庵梦忆》中写到一处人迹罕至的美景——庞公池：

庞公池岁不得船，况夜船，况看月而船。自余读书山艇子，辄留小舟于池中，月夜，夜夜出，缘城至北海坂，往返可

① 张岱. 陶庵梦忆 西湖梦寻［M］. 路伟，郑凌峰点校. 杭州：浙江古籍出版社，2018：8.
② 张岱. 陶庵梦忆 西湖梦寻［M］. 路伟，郑凌峰点校. 杭州：浙江古籍出版社，2018：21.
③ 张岱. 陶庵梦忆 西湖梦寻［M］. 路伟，郑凌峰点校. 杭州：浙江古籍出版社，2018：26.
④ 张岱. 陶庵梦忆 西湖梦寻［M］. 路伟，郑凌峰点校. 杭州：浙江古籍出版社，2018：48.

五里，盘旋其中。山后人家，闭门高卧，不见灯火，悄悄冥冥，意颇凄恻。余设凉簟，卧舟中看月，小傒船头唱曲，醉梦相杂，声声渐远，月亦渐淡，嗒然睡去。歌终忽寤，含糊赞之，寻复鼾齁。小傒亦呵欠歪斜，互相枕藉。舟子回船到岸，篙啄丁丁，促起就寝。此时胸中浩浩落落，并无芥蒂，一枕黑甜，高舂始起，不晓世间何物谓之忧愁。①

庞公池一年都不见有船，夜里行船就更罕见了。月明之夜，张岱带着小厮泛船出游，只见两岸人家皆熄灭了灯火，四周都是黑漆漆、静悄悄的。张岱在舟中铺上凉席，躺下对着天上的月亮发呆，而小厮们则在船头唱着曲，等到声音渐远，月色渐淡，张岱不知不觉就睡着了。歌唱完后，张岱突然惊醒，含含糊糊地称赞两句，又酣睡起来，小厮们也都撑不住了，呼呼大睡，船夫只能靠岸，催促大家下船睡觉。此时胸中涤荡一空，一睡就到了第二天下午。酣卧舟中，随心而泛，月下听曲，一梦消愁。无人问津的平凡小池，却在张岱的笔下摇曳生姿，别有一番风味。

名胜古刹　兴寄幽怀

晚明社会旅游风气的兴盛，也带动了历史古迹、名胜古刹的热度。当时社会上对文物古迹的修葺整顿工作也比较重视，而商品经济的发展与社会财富的增长，则为名胜古迹景点的开发与运营提供了人力、物力与财力。张岱曾到钟山孝陵参观祭祀仪式，也曾远至山东曲阜参拜孔庙、孔林，还曾前往宁波阿育王寺观摩佛祖舍利……不同于自然山水风光的旖旎秀丽，名胜古刹往往以其厚重的文化历史属性，引发人们对王朝兴衰与

① 张岱. 陶庵梦忆 西湖梦寻［M］. 路伟，郑凌峰点校. 杭州：浙江古籍出版社，2018：112.

人生命运的深思。

《钟山》是《陶庵梦忆》的开篇之作，钟山孝陵则是明开国皇帝太祖朱元璋的陵寝。《钟山》[①] 开篇便言："钟山上有云气，浮浮冉冉，红紫间之，人言王气，龙蜕藏焉。"在张岱看来，钟山是大明王气龙脉所在之地，与大明的王朝命运息息相关。张岱记录了他在崇祯十五年（1642）中元节时参加的一次孝陵祭祀：

> 壬午七月，朱兆宣簿太常，中元祭期，岱观之。飨殿深穆，暖阁去殿三尺，黄龙幔幔之。列二交椅，褥以黄锦孔雀翎织正面龙，甚华重。席地以毡，走其上，必去舄轻趾。稍咳，内侍辄叱曰：莫惊驾！

钟山孝陵的飨殿深邃肃穆，暖阁距离飨殿有三尺，悬挂着绣有黄龙的帷幔。暖阁里面放置着两把交椅，上面铺着用黄色锦缎和孔雀的翎羽做成的褥子，正面织着龙的图案，十分华贵庄重。殿阁里的地面都铺着毡子，走在上面必须脱掉鞋子。如果有谁发出咳嗽声，会有内侍呵斥制止，以免惊扰了太祖圣驾。古时中国有"事死如事生"的传统，对开国太祖祭祀之肃穆谨严，代表了一个王朝的尊严。而在明亡之后，孝陵的这种尊严便荡然无存。多年后张岱重回钟山孝陵，看到这里甚至连祭祀贡品都没有了，不免感叹："孝陵玉食二百八十二年，今岁清明乃遂不得一盂麦饭，思之猿咽。"

张岱的父亲张耀芳在天启七年（1627）以副榜贡谒选，并以"司右长史"的身份进入山东兖州鲁王幕府当差。崇祯二年（1629），三十多岁的张岱前往兖州为父祝寿，到达山东

① 张岱. 陶庵梦忆 西湖梦寻［M］. 路伟，郑凌峰点校. 杭州：浙江古籍出版社，2018：1.

后游览了孔子的故乡——山东曲阜，并参观了孔庙、孔林等地：

己巳，至曲阜谒孔庙，买门者门以入。宫墙上有楼耸出，扁曰“梁山伯祝英台读书处”，骇异之。进仪门，看孔子手植桧。桧历周、秦、汉、晋几千年，至晋怀帝永嘉三年而枯；枯三百有九年，子孙守之不毁，至隋恭帝义宁元年复生；生五十一年，至唐高宗乾封三年再枯；枯三百七十有四年，至宋仁宗康定元年再荣。至金宣宗贞祐三年罹于兵火，枝叶俱焚，仅存其干，高二丈有奇。后八十一年，元世祖三十一年再发。至洪武二十二年己巳，发数枝蓊郁，后十年又落。摩其干，滑泽坚润，纹皆左纽，扣之作金石声。孔氏子孙恒视其荣枯，以占世运焉。

再进一大亭，卧一碑，书“杏坛”二字，党英笔也。亭界一桥，洙、泗水汇此。过桥，入大殿，殿壮丽，宣圣及四配、十哲俱塑像冕旒。案上列铜鼎三、一牺、一象、一辟邪，款制遒古，浑身翡翠，以钉钉案上。阶下树历代帝王碑记，独元碑高大，用风磨铜赑屃，高丈余。左殿三楹，规模略小，为孔氏家庙。东西两壁，用小木扁书历代帝王祭文。西壁之隅，高皇帝殿焉。庙中凡明朝封号俱置不用，总以见其大也。孔家人曰：“天下只三家人家：我家与江西张、凤阳朱而已。江西张，道士气；凤阳朱，暴发人家，小家气。”①

孔庙是当时读书人心目中的“圣地”，孔庙中先师孔子手植的桧树亦仿佛具有某种“神性”，枝干坚硬润泽，扣之发出金石般的声音。观察桧树的荣枯则被孔氏子孙视为占卜世道吉

① 张岱. 陶庵梦忆 西湖梦寻［M］. 路伟，郑凌峰点校. 杭州：浙江古籍出版社，2018：18.

凶的方式，据说自周秦汉晋之后，桧树遇乱世则枯萎凋敝，逢盛世则枝繁叶茂。这显然是后人附会，不值一提。然而在张岱看来，桧树、孔庙都是孔子所代表的儒家道统的象征，这种道统在潜移默化间影响了整个封建时代的中国文人。正是这种“道之在我”的自信心与责任感，使他们获得了砥砺自身、传承文脉的自觉与坚守。张岱这种捍卫文化道统的志向，在《孔子手植桧》一诗中体现得淋漓尽致：“……草木通神明，谁敢恣屑越？今枯三百年，榾柮无纤叶……岂下有虫蚁，乃来为窟穴。余欲驱除之，敢借击蛇笏。”① 在晚明物欲横流、价值崩塌的时代大背景下，张岱借孔庙桧树有感而发，也体现了他作为读书人的文化理想与重道精神。在孔庙、孔林之外，张岱还曾前往浙江宁波的阿育王寺：

阿育王寺，梵宇深静，阶前老松八九颗，森罗有古色。殿隔山门远，烟光树樾，摄入山门，望空视明，冰凉晶沁。右旋至方丈门外，有娑罗二株，高插霄汉。便殿供旃檀佛，中储一铜塔，铜色甚古，万历间慈圣皇太后所赐，藏舍利子塔也。舍利子常放光，琉璃五彩，百道迸裂，出塔缝中，岁三四见。凡人瞻礼舍利，随人因缘现诸色相。如墨墨无所见者，是人必死。

次蚤，日光初曙，僧导余礼佛，开铜塔，一紫檀佛龛供一小塔，如笔筒，六角，非木非楮，非皮非漆，上下皺定，四围镂刻花楞梵字。舍利子悬塔顶，下垂摇摇不定，人透眼光入楞内，复眡眼，上视舍利，辨其形状。余初见三珠连络如牟尼串，煜煜有光。余复下顶礼，求见形相，再视之，见一白衣观

① 张岱. 张岱诗文集［M］. 夏咸淳辑校. 上海：上海古籍出版社，2018：19.

音小像，眉目分明，鬋鬘皆见。秦一生反复视之，讫无所见，一生遑遽，面发赤，出涕而去。一生果以是年八月死，奇验若此。①

阿育王寺位于浙江宁波的阿育王山，始建于东晋义熙元年（405），是为了纪念佛教的早期宣扬者阿育王。寺内保存着碑碣石刻、古籍佛经等文物，但是最吸引游人的还是寺中珍藏的佛祖舍利。舍利子存放在一座铜制佛塔中，该塔为万历年间慈圣皇太后所赐。相传舍利子常常发出像琉璃一样五彩斑斓的光芒，上百道佛光从铜塔缝隙中迸裂而出，这样的神奇场景一年可以见到三四次。前来瞻仰舍利的人，因缘际遇，会看到各种不同色相，如果黑乎乎的什么也看不到，那么预示着这个人命不久矣。张岱所看到的舍利，先是三颗佛珠串联在一起，明亮有光泽，后是一尊白衣观音小像，眉目分明，头发鬓角都看得清清楚楚。而张岱的朋友秦一生反复观看却什么也看不见，只能惶恐不安，红着脸流着泪离开，果然秦一生不久就去世了。从这则旧事中，我们很难看出张岱对宗教的真实看法，但是却能感受到他对“生死有命”这一古老信条的理解，以及对人生一世无常命运的释然与包容。

远赴山海　新奇冒险

晚明士人的“旅游地图”不只局限于明山秀水和名胜古迹，他们还向往远方的高山大海、深谷险滩。物质的富庶与交通的便捷，延长了人们旅游活动的半径，也极大增强了人们走出家门奔赴更广阔山海的志向与信心。旅行家徐霞客便发出了“何处不可埋吾骨”的豪言壮语，张岱的同乡王思任在《游唤

① 张岱. 陶庵梦忆 西湖梦寻［M］. 路伟，郑凌峰点校. 杭州：浙江古籍出版社，2018：117.

序》中更是尖锐地写道："夫天地之精华，未生贤者，先生山水，故其造名山大川也，英思巧韵，不知费几炉冶，而但为野仙山鬼，蛟龙虎豹所据，或不平而争之，非樵牧则辎黄耳。而所谓贤者，方知儿女子守闺阃，不敢空阔一步，是蜂蚁也，尚不若鱼鸟，不几于负天地之生而羞山川之好耶？"① 这简直是对困守书斋而不敢出门闯荡世界的保守文人一针见血的嘲讽。广袤壮阔的未知自然亟待人们探索，而冒险刺激的奇山异海之旅则成为时尚火热的"旅游路线"。

张岱曾与陈洪绶、祁彪佳一起前往绍兴西北的白洋镇观潮，之后怀着激动的心情写下了观潮体会：

> 立塘上，见潮头一线，从海宁而来，直奔塘上。稍近，则隐隐露白，如驱千百群小鹅擘翼惊飞。渐近喷沫，冰花蹴起，如百万雪狮蔽江而下，怒雷鞭之，万首镞镞，无敢后先。再近，则飓风逼之，势欲拍岸而上。看者辟易，走避塘下。潮到塘，尽力一礴，水击射，溅起数丈，着面皆湿。旋卷而右，龟山一挡，轰怒非常，炮碎龙湫，半空雪舞。看之惊眩，坐半日，颜始定。②

白洋潮刚开始是一线之白，之后如同千百只小白鹅向前飞奔，又如同百万只雪白的雄狮蔽江而下，最后像飓风一样拍打着江岸跃涌而来。潮到塘前的全力撞击，溅起几丈高的水花，打湿了塘下躲避着的人们的脸面。潮声怒吼，轰隆如雷。这样壮观的白洋潮让看潮的人头晕目眩，坐了半天才缓过神来。

张岱年轻时四方游历，对他而言最具挑战性的旅行，便是

① 王思任. 王季重小品［M］. 李鸣选注. 北京：文化艺术出版社，1996：260.
② 张岱. 陶庵梦忆 西湖梦寻［M］. 路伟，郑凌峰点校. 杭州：浙江古籍出版社，2018：39.

泰山的登山之路与前往普陀寺的航海之行。他分别写了篇幅宏大的《岱志》[①] 与《海志》[②]，记录下自己远赴泰山与东海的所见所闻，也给后世留下地理、民俗、气候等方面珍贵的史料。

首先让我们跟随他的脚步，一起开始四百多年前的泰山之旅：

> 言泰山高者，曰四十里。四十里之内，有盘旋焉，有曲折焉，有下上焉，不全乎其为四十里也。乃四十里之内，而天时为之七变……至半山而日，而日之下又有雨，日之上又有雪。雨旸变幻，寒燠错杂。

泰山高大巍峨，整个登山路程超过四十里，而山中的气候更是变化莫测。在张岱登山这天，从山脚到山顶，天气竟发生了七次变化。张岱感叹道："天且不自知，而况于人乎？"

当时，每日登泰山的人多达八九千，而初春之时甚至可以达到两万，仅山税一项，当地每年就能获利二三十万两白银。泰山脚下分布着几十家客房、马厩、妓馆等场所；而餐饮、娱乐、接洽等服务行业，每一行业都有服务人员上百人，他们各司其职，秩序井然。由此可见，晚明泰山的旅游开发已经十分成熟，某种程度上具备现代旅游服务业的雏形。每到节庆之时，各地商人小贩与香客信众皆至，熙熙攘攘，无比热闹：

> 货郎扇客，错杂其间，交易者多女人稚子。其余空地，斗鸡、蹴踘、走解、说书，相扑台四五，戏台四五，数千人如蜂如蚁，各占一方，锣鼓讴唱，相隔甚远，各不相溷也……

---

① 张岱. 张岱诗文集［M］. 夏咸淳辑校. 上海：上海古籍出版社，2018：212.
② 张岱. 张岱诗文集［M］. 夏咸淳辑校. 上海：上海古籍出版社，2018：220.

出门，天未曙。山上进香人，上者下者，念阿弥陀佛，一呼百和，节以铜锣。灯火蝉联四十里，如星海屈注，又如隋炀帝囊萤火数斛，放之山谷间，燃山熠谷，目炫久之。

张岱一共登了两次泰山。第一次登山，由于气候不佳，大雾缭绕，一无所见。第二次登山，当地人们都劝他不要去，因为重复登顶会招来祸患，张岱却毫不在意。泰山登山之路漫长而艰难，稍一失足便成齑粉，而山中悬崖洞壑与山石树木，又别有一番风景：

至此缘崖而上，磴皆壁立。背插百丈崖，大小龙峪，奇石骨支，树皆鬣瘦，如鸟枝暗塞。一气直上，至崖顶，望三天门尚在云际。行之半日，泰山高仍端然未动。朝阳洞，泰山之半矣。洞仄研不可容几。泰山元气浑厚，绝不以玲珑小巧示人，故无洞府，无邃壑，凡言崖者洞者，皆约形似，取其意可也。

泰山之奇石异树与地势形貌，皆非寻常可见，而泰山之高绝陡峭，也为观察自然风光提供了另一个新颖奇幻的视角：

见泰山日，浓云之下，日光逗之，汶河沙条条如绩麻分缕，山下见白云一股，从半岭堕地，州城仍溙溙大雨。大小龙口，夹壁天穿，鸟道猿崖，止削一缝，如大窖层冰，一斧劈开，万寻雷烈。走其下者，阴阒冷腥，时有龙气。

自此上为盘之始，石磴险滑。上此者，尻脊兼用，肘踝共支，一气直上，留一步即股栗不能伫立。

泰山之地势险要、波诡云谲可见一斑。登泰山需要手脚兼用，一鼓作气，才能最终体验“会当凌绝顶，一览众山小”的巅峰之感。张岱在经历了艰难险阻最终登顶后，看到了这样的壮观场景：

登封台，为泰山绝顶。台上一方石，色青如蛋，与天无二。山后一望，千山万山，皆驯伏趾下，如大海波涛，翻腾蹴踊，砑雪惊雷，滂薄无际，信是大观。

泰山之旅并非全然令人愉悦，贪婪逐利的牙人买办、欲求不满的香客信众、随处可见的浮夸题词及成群结队的讨饭乞丐等都足以令人兴致大减。试举两例：

座前悬一大金钱，进香者以小银锭或以钱，在栅外望金钱掷之，谓得中则得福，则以银钱进。供佛者以法锦，以绸帛，以金珠，以宝石，以膝裤、珠鞋、绣帨之类者，则以锦帛、金珠、鞋帨进。以是堆垛殿中，高满数尺。山下立一军营，每夜有兵守宿。一季委一官扫殿，鼠雀之余，岁数万金，山东合省官，自巡抚以至州吏目，皆分及之。

为求得庇佑，实现自身的愿望，游客在泰山的佛寺宝殿里上贡了绫罗绸缎、金珠玉石等价值不菲、堆积成山的宝物，这些宝物由专门的官兵驻守看管，随后便被山东各级官员瓜分殆尽。

晚明商品白银经济兴起，整个社会对财富功名的渴求前所未有。与一掷千金的香客们相呼应的，还有泰山成群结队的乞丐：

出登封门，沿山皆乞丐，持竹筐乞钱，不顾人头面，入山愈多，至朝阳洞少杀。其乞法扮法叫法，是吴道子一幅地狱变相，奇奇怪怪，真不可思议也。山中两可恨者，乞丐其一，而又有进香姓氏，各立小碑，或刻之崖石，如“万代瞻仰”“万古流芳”等字，处处可厌。乞丐者，求利于泰山者也；进香者，求名于泰山者也。泰山清净土，无处不受此二项人作践，则知天下名利人之作践世界也，与此正等。

乞丐与香客一为求利，一为求名，在张岱看来实在是亵渎了泰山的风景。而天下追求名利之人又何其之多，世俗之风，多为此坏。

张岱长期流连于秀丽温润的江南风景，泰山的高绝巍峨，给了他前所未有的旅行体验，也扩展了他对自然空间的感知边界：

山高数十仞，尽十里而没；山高数百仞，尽百里而没。岱至州城望之，不觉其甚高，及至黄河舟次，七百里而遥矣，然犹及见岱之螺髻焉，则其高可胜计哉？且山东地势之高出于江南者，不知几千万仞，而岱又高出于山东几千万仞。则自江南发足之地，凡从鞋靸下高一咫尺，皆岱之高也，呜呼岱哉！①

泰山以其高大险峻为奇，登顶泰山的旅行，也是不断克服恐惧、挑战自我的过程；而前往普陀寺的大海航行，则堪称一次别开生面的冒险之旅。据《海志》记载，在张岱出海的这一天，海风大作，船几乎不能出行。风稍稍安定之后，船主决定扬帆起航。他把纸钱撒在海面上并多次跪拜，这一诡异举动令张岱恐慌不已，询问之后得知原来船主拜的是海中的巨龙，祈祷航行一路平安。航行之路多有惊涛骇浪，时时令人恐惧懊悔，而风停之时，月下之海则是另一派绮丽梦幻的光景：

风号浪炮，轰怒非常，或大如五斗瓮，跃入空中，坠下碎

① 张岱. 张岱诗文集［M］. 夏咸淳辑校. 上海：上海古籍出版社，2018：219.

为零雨；或如数万雪狮，逼入山礁，触首皆碎。自卯至酉，舟起如簸，人皆瞑眩，蒙被僵卧，懊丧此来，面面相觑而已。夜半风定，开篷视之，半规月在山峡。风顺架帆，余披衣起坐。渡龙潭、清水洋，风弱水柔，波纹如縠，月色麗金，鏃鏃波面，山奥月黑，短松怒吼，张鬌如戟，吞吐海氛，蠢蠢如有物蠕动。

普陀寺所在的普陀山，位于浙江宁波东北方向的岛屿上，相传是观音菩萨居住之地，香火甚盛。前往普陀山经行的海域，也布满了大大小小的岛屿。广袤的大海在这里吞吐进出，如同九曲回肠："自青垒头至十六门，大山四塞，诸小山环列如门者，十有六焉。向谓出蛟门，大海沧漭，缥缈无际耳。乃自定海至此三百里，海为肠绕，委蛇曲折，于层峦叠嶂之中，吞吐缩纳，至此，一丸泥可封函谷矣。"行船于缥缈无际的大海上，通过尽力远眺，张岱甚至认为自己看到了日本、韩国一带的岛屿："山上东望，窅窅无际，三韩、日本、扶桑诸岛，青螺一抹，杳霭苍茫。远近诸山，大者如拳，小者如栗，低而平者如眉。"普陀山周边岛屿众多，天长日久，便传出了各种奇闻轶事。比如有与大蛇同食同寝的僧人："小洛伽，莲花洋南，有僧守山五十余年，粮尽举火，常住令船送之。僧与一大蛇同起居，饭熟辄与蛇同食，夜即卧其榻傍。"这些奇闻传说更为大海披上了一层神秘莫测的面纱。

前往普陀寺烧香礼佛的善男信女甚多，且极为虔诚："至大殿，香烟可作五里雾。男女千人鳞次坐，自佛座下至殿庑内外，无立足地。是夜，多比丘、比丘尼，燃顶燃臂燃指；俗家闺秀，亦有效之者。爇炙酷烈，惟朗诵经文，以不楚不痛不皱眉为信心，为功德。"佛寺宝殿人满为患，不乏以身燃灯、诵经祈福之人，而这种极致的宗教活动，在张岱看来其合理性却大大存疑："余谓菩萨慈悲，看人炮烙，以为供养，谁谓大士作如是观？殿中訇轰之声，动摇山谷。是夕，寺僧亦无有睡者，百炬齐烧，对佛危坐，睡眼婆娑，有见佛动者，有见佛放大光明者，各举以为异，竟夜方散。"观音大士以慈悲为怀，难道愿意见到这种残忍的供奉方式？善男信女们在极度疲劳困乏与睡眼婆娑中，当真见得到佛光普照的奇观？

普陀寺为佛教圣地，而周边出现的景象却与佛教意旨大相径庭。比如大肆捕捞的渔船在这里宰鱼杀生，血气冲天，腥臭刺鼻："岭上见钓船千艘，鳞次而列，带鱼之利，奔走万人，大肆杀戮。可恨者，岭以下礁石岩穴，无不尽被鱼腥，清净法海，乃容其杀生害命如恒河沙等，轮回报应之说，在佛地又复不灵，奈何？"再比如寺中和尚成了"香头"，操纵着进入寺中的香船业务以牟取利益，而他们经营的香船条件恶劣，身处其中仿若置身地狱："下香船是现世地狱。香船两槅，上坐善男子，下坐信女人。大篷捆缚，密不通气，而中藏不盥不漱，遗溲遗溺之人数百辈。及之通嗜欲言语，饮食水火之事，皆香头为之。香头者何？某寺和尚也。备种种丑态，种种恶臭，如何消受？"值得一提的是，张岱在这次的航海之旅中，遇到了一场海战："闻炮声，或言贼船与带鱼船在莲花洋厮杀。余亟往，据梵山冈上，见钓船千艘，闻警皆避入千步沙。十余艘在外洋，后至者贼袭之，斫杀数十人，抢其三舟去，焚其二舟。火光烛天，海水如沸，此来得见海战，尤奇。"在佛教圣地竞相逐利，甚至不惜杀人开战，这未尝不是一种莫大的讽刺。

张岱在《海志》的结尾写道："余登泰山，山麓棱层起伏，如波涛汹涌，有水之观焉；余至南海，冰山雪巘，浪如岳移，有山之观焉。山泽通气，形分而性一。”[①] 在他看来，山与水有着相似之处，且不可分割。水是山的血脉，山是水的筋骸，山水之性，正与人之性灵相通，而山水风景的旅行，也正是自我精神的解脱与驰骋之历程。张岱笔下的悠游行旅，便是在奇山丽水间，探寻天地自然的奥秘；在名胜古迹中，参透生死命运的玄机；在远赴山海时，大胆走出自己的“舒适圈”，经历人世间的另一种可能……旅行，正是以此打破了日常生活的圆熟与重复，以一种“美”的眼光去重新审视我们所生活的这个世界。

① 张岱. 张岱诗文集［M］. 夏咸淳辑校. 上海：上海古籍出版社，2018：228.

第三节 时令节庆

美学家宗白华先生说："四时的运行，生育万物，对我们展示着天地创造性的旋律的秘密。一切在此中生长流动，具有节奏与和谐。古人拿音乐里的五声配合四时五行，拿十二律分配十二月，使我们一岁中的生活融化在音乐的节奏中，从容不迫而感到内部有意义有价值，充实而美……"[①] 以农耕立身的中华民族，对天地四时的气候变化尤为敏感。古代发达的律历系统，将时间进行无限的切割细分，从四季、十二月到二十四节气、七十二物候，从清明、端午到中秋、元宵，漫长悠远的时间有了如音乐般的律动节奏，日复一日的光阴也产生了自身的审美价值。春夏秋冬，四季轮转，呈现出宇宙运行与生命成长的特有节奏，而"中国古人极其敏锐地在其中发现了类似音乐的律动感，这就是中国文化生命的美丽精神"[②]。

不论园林营造还是旅游出行，对日常生活空间场域的美学感知，离不开天气季节变化的参照。而同一空间，在不同的时令节气下，展现的则是完全不同的美学风貌。四时之美，历来在中国古典文学、绘画之中有大量体现，而到晚明时期，对四

① 宗白华．艺境［M］．北京：北京大学出版社，1987：170-171.
② 刘悦笛．中国人的生活美学［M］．桂林：广西师范大学出版社，2021：23.

时风物光景的幽赏品鉴已经十分成熟。明人高濂在《遵生八笺》中，详细总结了当时杭州西湖的四时幽赏十二条观景要略。如春时幽赏中有孤山月下看梅、西泠桥玩落花、苏堤赏桃花、山满楼观柳等；夏时幽赏中有三生石谈月、飞来洞避暑、观湖上风雨欲来、步山径野花幽鸟等；秋时幽赏中有西泠桥畔醉红树、宝石山下看塔灯、满家巷赏桂花、乘舟风雨听芦等；冬时幽赏中有湖冻初晴远泛、雪霁策蹇寻梅、雪夜煨芋谈禅、山窗听雪敲竹……时间之美与空间之美在此合为一体，而纤毫入微的审美感知与审美创造，无限拓展着这种"审美时空综合体"的可能样态。

对光阴流转、气象变化极为敏感的张岱，记录了大量他所感知领略的时空之美：在泰山的薄雾中观日出，在东海的月夜下听涛鸣，黄昏时登南京栖霞山远眺晚霞，雪霁泛舟往杭州西湖湖心亭看雪……作为一个对生活充满热爱与期待的人，张岱最感兴趣的还属各种各样的时令节庆，而生活在繁华富庶的江南都市圈，为他体验绍兴、南京、镇江、扬州、苏州、杭州等地域的节日活动提供了条件。在时令节庆的人山人海与繁华喧闹里，张岱感受着强劲有力的时空律动。

清明节是春季最隆重的节日。在古代，清明节的意义不仅在于追思逝去的亲人，还在于踏青郊游，把玩春色。张岱记录的江南地区清明节活动，俨然一场春季里的"欢聚盛会"：

越俗扫墓，男女袨服靓妆，画船箫鼓，如杭州人游湖，厚人薄鬼，率以为常。二十年前，中人之家尚用平水屋帻船，男女分两截坐，不坐船，不鼓吹。先辈谑之曰："以结上文两节之意。"后渐华靡，虽监门小户，男女必用两坐船，必巾，必鼓吹，必欢呼鬯饮。下午必就其路之所近，游庵堂寺院及士夫家花园。鼓吹近城，必吹《海东青》《独行千里》，锣鼓错杂。酒徒沾醉，必岸帻嚣嚎，唱无字曲，或舟中攘臂，与侪列厮打。自二月朔至夏至，填城溢国，日日如之。①

越地清明扫墓之时，男男女女都衣着华丽，妆容精致，杂混着坐在船上，吹打乐曲，欢呼畅饮，这与二十年前那种简朴有序的清明风俗截然不同。等到下午的时候，人们便抄水路近道，前往附近的庵堂寺院及士大夫的私人花园进行游览。乐队一靠近城中便奏起《海东青》《独行千里》这样欢快热烈的曲子，锣声鼓声混在一起，喧闹非常。有喝醉酒的人，在岸上掀起头巾大声嚎叫，嘴里唱着不知道什么词儿的曲子，有的则在船上挥舞手臂和同伴厮打……明清以来士大夫筑园者，不少主张将自家园林开放给大众，为市民多提供一处公共空间。这就如同做善事一样值得称道。② 清明之时，越中各种游赏空间几乎都会面向民众开放，城中充斥着鼓吹乐曲与游赏人群的熙攘喧闹。这样的盛会从二月初一直延续到夏至，可谓声势浩大。

如果说越中清明是一场游赏曲艺的盛会，那么扬州清明便是一幅生动鲜活的民俗长卷：

扬州清明日，城中男女毕出，家家展墓……自钞关南门、古渡桥、天宁寺、平山堂一带，靓妆藻野，袨服缛川。

随有货郎，路傍摆设骨董古玩并小儿器具。博徒持小杌坐空地，左右铺袒衫半臂，纱裙汗帨，铜炉锡注，瓷瓯漆奁，及

① 张岱. 陶庵梦忆 西湖梦寻［M］. 路伟，郑凌峰点校. 杭州：浙江古籍出版社，2018：11.
② 巫仁恕．优游坊厢：明清江南城市的休闲消费与空间变迁［M］. 北京：中华书局，2017：176.

肩彘鲜鱼、秋梨福橘之属，呼朋引类，以钱掷地，谓之“跌成”。

清明时节，扬州城的男男女女都去郊外踏青扫墓，商贩货郎们便借此机会摆摊卖货。当时甚至还出现了博彩服务：博徒带着小凳子坐在空地上，旁边摆放着内衣、纱裙、佩巾、铜炉、锡壶、瓷碗、漆器等，还有肘子、鲜鱼、梨、橘等吃食。人们把钱扔在地上，饶有兴致地玩着博彩游戏。这样的摊位有百十个，大家都围着看热闹。

是日，四方流离及徽商西贾、曲中名妓，一切好事之徒，无不咸集。长塘丰草，走马放鹰；高阜平冈，斗鸡蹴踘；茂林清樾，擘阮弹筝。浪子相扑，童稚纸鸢，老僧因果，瞽者说书，立者林林，蹲者蛰蛰。

日暮霞生，车马纷沓。宦门淑秀，车幕尽开。婢媵倦归，山花斜插。臻臻簇簇，夺门而入。余所见者，惟西湖春、秦淮夏、虎丘秋差足比拟。然彼皆团簇一块，如画家横披；此独鱼贯雁比，舒长且三十里焉，则画家之手卷矣。①

清明这一天，四方的商人、名妓等各种喜欢热闹的人都聚集在扬州，大家骑马放鹰、斗鸡踢球、演奏乐器……玩相扑的青年，放风筝的儿童，讲佛的老僧，说书的盲人，站着蹲着的人，密密麻麻不计其数。到日落之时，晚霞升起，车马云集，前来接踏青出游的仕女回城。姑娘们把采来的鲜花插戴在头上，花团锦簇。扬州清明的光景就像鱼群雁阵一样，徐徐展开长近三十里，像一幅名家的民间风俗长卷。

① 张岱. 陶庵梦忆　西湖梦寻［M］. 路伟，郑凌峰点校. 杭州：浙江古籍出版社，2018：80-81. 原书作“劈阮”，误，当为“擘阮”，故引文径改之。

不同于越中清明的春日曲艺盛会与扬州清明的江南民俗长卷，杭州西湖则因一个规模宏大的“商业博览会”——西湖香市而与众不同。西湖香市得名于山东、浙东等香客在西湖昭庆寺附近的生意集市，从二月份的花朝节开始，一直延续到端午节，几乎贯穿了整个西湖的春天：

至香市，则殿中边甬道上下，池左右，山门内外，有屋则摊，无屋则厂，厂外又棚，棚外又摊，节节寸寸。凡胭脂簪珥，牙尺剪刀，以至经典木鱼，孨儿嬉具之类，无不集。

此时春暖，桃柳明媚，鼓吹清和，岸无留船，寓无留客，肆无留酿。袁石公所谓“山色如娥，花光如颊，波纹如绫，温风如酒”，已画出西湖三月。而此以香客杂来，光景又别。士女闲都，不胜其村妆野妇之乔画；芳兰芗泽，不胜其合香芫荽之薰蒸；丝竹管弦，不胜其摇鼓欱笙之聒帐；鼎彝光怪，不胜其泥人竹马之行情；宋元明画，不胜其湖景佛图之纸贵。如逃如逐，如奔如追，撩扑不开，牵挽不住。数百十万男男女女，老老少少，日簇拥于寺之前后左右者，凡四阅月方罢，恐大江以东，断无此二地矣。①

春暖花开之时，西湖昭庆寺的每一个角落几乎都挤满了摆摊做生意的人，各种精致有趣的小玩意在这里都可以找到。岸边没有停靠的船，客舍没有“宅家”的人，连酒馆也没剩酒。乡村妇女在这一天浓妆艳抹进城赶集，人们身上的各种气味混杂在一起。在摊铺边，人们观览把玩着泥人竹马、湖景佛图等物美价廉的商品。数以百十万计的男男女女、老老少少都聚集在这里，擂鼓吹笙，声响震天，奔跑追逐，打打闹闹……这些

① 张岱. 陶庵梦忆 西湖梦寻［M］. 路伟，郑凌峰点校. 杭州：浙江古籍出版社，2018：104.

充满人间烟火气息的日常活动，在张岱看来远胜文人雅士、宦门淑女的高雅风流。这样规模浩大的民间商贸集市，当时在整个江南也是独一无二的。

五月五端阳节，除了包粽子、插艾草等传统习俗，赛龙舟是人们参与度最高的一项集体活动。张岱在杭州西湖、南京秦淮河等地都看过赛龙舟，而最有看点的，当属崇祯十五年（1642）时，他在镇江金山寺观看的龙舟竞渡：

瓜州龙船一二十只，刻画龙头尾，取其怒；旁坐二十人持大楫，取其悍；中用彩篷，前后旌幢绣伞，取其绚；撞钲挝鼓，取其节；艄后列军器一架，取其锷；龙头上一人足倒竖，敁敪其上，取其危；龙尾挂一小儿，取其险。自五月初一至十五，日日画地而出。

五日出金山，镇江亦出。惊湍跳沫，群龙格斗。偶堕洄涡，则百蚨捷捽，蟠委出之。金山上人团簇，隔江望之，蚁附蜂屯，蠢蠢欲动。晚则万艓齐开，两岸沓沓然而沸。[①]

瓜洲的龙船，描摹着龙头龙尾，每艘船上都有二十个手划大桨的人。船中张挂着彩色船篷，前后装饰着旌旗绣伞，船艄后则陈列着一架军器。行舟之时，撞钲打鼓，节奏铿锵，龙头倒挂一人，龙尾悬挂一小孩，突出惊险刺激。金山竞渡从五月初一一直延续到五月十五，半个月内，每天都会选一个地方进行赛舟。一二十艘龙舟飞快行驶在惊涛骇浪之中，如同群龙在水中格斗。遇到旋涡，身手敏捷的水手会迅速在船四周围绕，把船拉出。在金山上看龙舟的观众人山人海，隔江望去仿佛蜂蚁团团聚结一般。到了晚上，万船齐发，岸上更是火光冲天、

① 张岱. 陶庵梦忆 西湖梦寻［M］. 路伟，郑凌峰点校. 杭州：浙江古籍出版社，2018：82.

人声如沸。

盛夏的高温燥热，促使人们前往水边进行聚集活动，而端午节过后，江南地区还有一个重要节日，那便是六月二十四的荷花生日：

天启壬戌六月二十四日，偶至苏州，见士女倾城而出，毕集于葑门外之荷花宕。楼船画舫至鱼艜小艇，雇觅一空。远方游客，有持数万钱无所得舟，蚁旋岸上者。余移舟往观，一无所见。宕中以大船为经，小船为纬，游冶子弟，轻舟鼓吹，往来如梭。舟中丽人皆倩妆淡服，摩肩簇舄，汗透重纱。舟楫之胜以挤，鼓吹之胜以杂，男女之胜以溷，歊暑燂烁，靡沸终日而已。①

在六月二十四这一天，苏州城的男男女女都聚集在葑门外的荷花宕，楼船、画舫、小艇等各种船只全被搜罗租用一空。远道而来的游客拿着上万钱也没雇到船，只能在岸上急得团团转。荷花宕中排布交织着各式各样的船，大船如经线，小船如纬线。游玩的年轻人船上还带着乐器，来来往往自由穿梭。船上的美人化着精致的妆容，穿着素淡的衣服，摩肩接踵，汗水都湿透了纱裙。大船小船都混杂交错在一起，炎热酷暑也挡不住人们整日的狂欢喧闹。

六月二十四荷花生日之后，苏州最吸引人的节庆活动，当属中秋曲会。苏州是昆曲的发源地，当地的士大夫对昆曲有着十分高超的欣赏品鉴能力，许多老百姓也能唱能演。每到中秋节，许多昆曲及其他曲艺的演员、编创者及爱好者都会前往苏州参加曲会：

① 张岱. 陶庵梦忆 西湖梦寻［M］. 路伟，郑凌峰点校. 杭州：浙江古籍出版社，2018：10-11.

虎丘八月半，土著流寓、士夫眷属、女乐声伎、曲中名妓戏婆、民间少妇好女、崽子娈童，及游冶恶少、清客帮闲、傒僮走空之辈，无不鳞集。自生公台、千人石、鹤涧、剑池、申文定祠下，至试剑石、一二山门，皆铺毡席地坐，登高望之，如雁落平沙，霞铺江上。①

中秋曲会一般在圆月初升时举行，首先开场的便是声势浩大的铙钹锣鼓，天翻地动，雷鸣鼎沸，一下子就将曲会的气氛推向高潮：

天暝月上，鼓吹百十处，大吹大擂，十番铙钹，渔阳掺挝，动地翻天，雷轰鼎沸，呼叫不闻。更定，鼓铙渐歇，丝管繁兴，杂以歌唱，皆“锦帆开”，“澄湖万顷”同场大曲，蹲踏和锣，丝、竹、肉声，不辨拍煞。

入更之后，鼓声铙声就渐渐停止了，丝竹管弦之声渐渐多了起来。此时多为众人一起合唱的曲目，歌声、鼓声、曲声各种声音混杂在一起，难以分辨。虎丘中秋曲会是全民皆可参加的“曲艺盛会”，人人都能在这里获得艺术熏陶与精神享受。

夜深时分，当人们渐渐散去后，士大夫和他们的家人开始乘船戏水。几乎每桌每人都在献唱，南腔北调，管弦迭奏。旁听者一听到唱词字句，便开始品评鉴赏：

更深，人渐散去，士夫眷属皆下船水嬉，席席征歌，人人献技，南北杂之，管弦迭奏，听者方辨句字，藻鉴随之。

二鼓之后，人们渐渐安静下来，只有洞箫应和着三四处人

① 张岱. 陶庵梦忆 西湖梦寻［M］. 路伟，郑凌峰点校. 杭州：浙江古籍出版社，2018：78-79.

声，哀婉缠绵。三鼓之后，明月高悬，此时只剩一个人坐在高高的石头上演唱，不带任何伴奏。起初他的声音如游丝般微弱，随后渐渐高亢，裂石穿云。听的人不敢出声叫好，只有不断点头赞叹。夜深至极，仍有百十人迟迟不愿离开：

二鼓人静，悉屏管弦，洞箫一缕，哀涩清绵，与肉相引，尚存三四，迭更为之。三鼓，月孤气肃，人皆寂阒，不杂蚊虻。一夫登场，高坐石上，不箫不拍，声出如丝，裂石穿云，串度抑扬，一字一刻。听者寻入针芥，心血为枯，不敢击节，惟有点头。然此时雁比而坐者，犹存百十人焉。使非苏州，焉讨识者！

夜深之后，中秋曲会就到了“铁杆曲迷”切磋技艺的时刻，能给戏曲爱好者带来艺术审美上的“巅峰体验”。而虎丘的中秋夜，也当之无愧地成为一个“艺术狂欢夜”。

元宵节是正月里最有氛围的节日，张岱曾在颂辞《闰元宵》中写道：“大江以东，民皆安堵；遵海而北，水不扬波。含哺嬉兮，共乐太平之世界；重译至者，皆言中国有圣人”；“笙箫聒地，竹椽出自柯亭；花草盈街，禊帖携来兰渚。士女潮涌，撼动蠡城；车马雷殷，唤醒龙屿”；“莫轻此五夜之乐，眼望何时？试问那百年之人，躬逢几次？敢祈同志，勿负良宵”① ……作为正月里的重要节日，元宵节往往与“普天同庆”“国泰民安”“阖家团圆”等概念联系在一起，饱含着人们对新年伊始的美好期待与祝愿，元宵节的花灯、烟火等，也将正月新年的节日氛围推向了顶点。张岱家族曾于万历年间在绍兴龙山上放花灯：

① 张岱. 陶庵梦忆 西湖梦寻［M］. 路伟，郑凌峰点校. 杭州：浙江古籍出版社，2018：130.

万历辛丑年，父叔辈张灯龙山，剡木为架者百，涂以丹雘，帨以文锦，架一灯三之。灯不专在架，亦不专在磴道，沿山袭谷，枝头树杪无不灯者，自城隍庙门至蓬莱冈上下，亦无不灯者。山下望如星河倒注，浴浴熊熊，又如隋炀帝夜游，倾数斛萤火于山谷间，团结方开，倚草附木，迷迷不去者。①

花灯不只悬挂在架子和台阶上，还沿着龙山山谷与山上树梢进行悬挂，从山下望去，如同天上的银河向人间涌泻，又仿佛隋炀帝夜游时，在山谷间倾倒的成群结队的萤火虫。

龙山放灯吸引了大量民众前来观赏，人们在山上席地饮酒，歌唱奏乐：

山无不灯，灯无不席，席无不人，人无不歌唱鼓吹。

男女看灯者，一入庙门，头不得顾，踵不得旋，只可随势，潮上潮下，不知去落何所，有听之而已。庙门悬禁条：禁车马，禁烟火，禁喧哗，禁豪家奴不得行辟人。父叔辈台于大松树下，亦席，亦声歌，每夜鼓吹笙簧与谳歌弦管，沉沉昧旦……

凡四夜，山上下糟丘肉林，日扫果核、蔗滓及鱼肉骨、蠡蜕，堆砌成高阜，拾妇女鞋挂树上，如秋叶。

元宵节的龙山人山人海，人们跻身其中不得动弹，只能跟着人潮前后随行。在元宵节这天，张岱的父叔们在大松树下设置宴席，彻夜奏乐歌唱。这一年总共放了四夜花灯，山上山下遍地都是吃剩的酒肉食物；果核残渣及骨头、鱼刺、贝壳等垃圾，堆起来像高高的小山；被挤掉的妇女的鞋子挂在树上，就

① 张岱. 陶庵梦忆 西湖梦寻［M］. 路伟，郑凌峰点校. 杭州：浙江古籍出版社，2018：121-122.

像秋叶一样多。

元宵节，像张岱家族这样的放灯活动可能并不多见，江南各地更多的是以普通材料搭建起来的灯架：

> 棚以二竿竹搭过桥，中横一竹，挂雪灯一，灯毬六。大街以百计，小巷以什计。从巷口回视巷内，复叠堆垛，鲜妍飘洒，亦足动人……
>
> 庵堂寺观，以木架作柱灯及门额，写“庆赏元宵”“与民同乐”等字。佛前红纸、荷花、琉璃百盏，以佛图灯带间之，熊熊煜煜。庙门前高台，鼓吹五夜。
>
> 市廛如横街、轩亭、会稽县西桥，闾里相约，故盛其灯，更于其地斗狮子灯，鼓吹弹唱，施放烟火，挤挤杂杂。小街曲巷有空地，则跳大头和尚，锣鼓声错，处处有人团簇看之。城中妇女多相率步行，往闹处看灯；否则大家小户杂坐门前，吃瓜子、糖豆，看往来士女，午夜方散。乡村夫妇多在白日进城，乔乔画画，东穿西走，曰“钻灯棚”，曰“走灯桥”，天晴无日无之。①

元宵之夜，绍兴的寺庙道观、高台廊桥、街巷闾里、集市会场等都搭建着各式各样的灯棚，灯棚下挤满了舞狮子灯的、吹拉弹唱的、放烟火的人。城中的妇女或者相伴而行，出门赏灯，或者坐在家门口，吃着瓜子糖果，看来来往往的游人。乡下的夫妻们白天就进城了，他们打扮得漂漂亮亮，在灯棚里来回穿行，感受着都市节日里的热闹繁华。

张岱以饱满热烈的笔触，铺陈渲染晚明江南节庆盛况。其中，最令人动容的，便是他那笔下鲜活生动的民众群像。在晚

① 张岱. 陶庵梦忆 西湖梦寻［M］. 路伟，郑凌峰点校. 杭州：浙江古籍出版社，2018：91.

明时代，几乎每一个传统节日都能成为民众走出家门，参与“集体狂欢”的宝贵机会。时令节庆对他们来说，是枯燥平淡光阴中的一道道涟漪与波澜，也是劳动百姓在艰难生计中的一丝丝甘甜与慰藉。我们通过这些文字，依然能与四百年前的普通人一起，感受热闹的节日氛围，体味传统中国的“时空之美”。

下编

张岱生活美学的分析研究

第五章

张岱生活美学的生成基础

- 「天时」——晚明生活美学的时代背景
- 「地利」——江南生活美学的地域土壤
- 「人和」——张岱生活美学的个性缘起

张岱生活美学实践与观念的生成有其独特路径：首先，晚明经济政治、文化思想各方面的剧烈变动，使士人经世致用的人生理想发生动摇，部分仕途无望的士人转而关注自身心灵感受与物质生活；其次，江南手工业、商业的繁荣与城市文化的蓬勃兴起，催生了江南地区风靡一时的生活美学；最后，张岱独特的家世与交游，以及他本人的哲学思想，更为其生活美学打上个性化烙印。正是“天时”——晚明生活美学的时代背景，“地利”——江南生活美学的地域土壤，以及“人和”——张岱生活美学的个性缘起，三者共同构筑了张岱生活美学实践与观念的生成基础。

第一节　“天时”——晚明生活美学的时代背景

张岱生于万历二十五年（1597），明亡之时（1644）已近五十岁，卒于康熙二十八年（1689），终年九十三岁。晚年的张岱拒绝与清廷合作，以“大明遗民”的身份坚守自我，入清后甚至没有户籍身份，而他留下的《陶庵梦忆》《西湖梦寻》等作品，也更多是对明亡之前日常生活的回忆。可以说，是“晚明”时代塑造了张岱的精神世界，也催生了他“生活美学”的实践与观念。“晚明”独特的经济、政治与文化环境，是张岱生活美学形成的重要时代背景。而对于“晚明”的概念及范围界定，学界目前仍有争论：1936 年，朱剑心在《晚明小品选注·叙例》中大致划定了阶段：“明自神宗万历迄于思宗崇祯之末，凡七十年，谓之晚明”[①]；明史学者樊树志先生在他的《晚明史 1573—1644》[②] 中亦采取此种划分；吴晗则根据时代社会风气之转变，将“晚明”的起点提前到了嘉靖中后期[③]。本书综合目前学界共识观点，认为“晚明”是

① 朱剑心．晚明小品选注［M］．上海：商务印书馆，1936：1.

② 樊树志．晚明史 1573—1644［M］．上海：复旦大学出版社，2015.

③ 吴晗．吴晗史学论著选集：第一卷［M］．北京市历史学会主编．北京：人民出版社，1986：508-516.

指自嘉靖后期，中经隆庆、万历、天启直至崇祯这一特定历史时段。

晚明经济　蓬勃新生

明代中前期承平日久，社会总人口与生产力水平都得到了长足发展。根据美籍华裔史学家何炳棣先生推测，万历二十八年（1600），中国总人口近 1.5 亿。[①] 同时伴随着玉米、番薯等耐寒抗旱的粮食作物的引进，以及农业生产技术水平的不断提升，开垦荒地与耕种土地的面积持续扩大，粮食作物的种类与产量都大大增加。值得一提的是，“商业性农业”在此时也获得了空前的发展。明代中后期，棉花、水果、烟草等经济作物的种植遍及大江南北。这种以交换为目的，产品面向市场且追求利润的农产品生产模式，其重大经济意义在于经济性质的转变，即由最初主要为了交纳赋役、养家糊口，而转为重点发展商品生产[②]，这是以往的传统自给自足的农耕模式所不能比的。另外，自隆庆元年（1567）开放海禁后，百姓得以贩于东西二洋，面向海内外市场的贸易活动很快繁荣起来。庞大的市场与丰厚的利润激发了生产者的积极性，反向推动了商业性农业的发展。正是在强大稳固的农业发展基础之上，晚明人们的物质生活水平有了空前的提高。万历后期来华并且前后生活了四十余年的葡萄牙人曾德昭（1585—1658）说，中国境内有供人类生活的必需用品，以及各种美好的东西。它不仅用不着向别的国家讨乞，而且有（又多又好的）剩余满足邻近和

① 何炳棣．明初以降人口及其相关问题［M］．葛剑雄，译．北京：生活·读书·新知三联书店，2000：310.

② 万明．晚明社会变迁问题与研究［M］．北京：商务印书馆，2005：49.

遥远国家的需求。它的粮食是全世界用得最多的。①

晚明“商品性农业”的快速发展，促进了乡村人口的流动，并进一步推动了手工业、商业的兴盛与繁荣。明代传统手工业（如丝绸、陶瓷、矿冶、造纸、印刷等各个门类）的生产规模，相比前代都有一定程度的扩大，技艺水平也有一定程度的提升。而以棉纺织业为代表的新兴手工业，是当时经济发展新的增长点。明代官方鼓励农户积极种植棉花，晚明时期，棉田种植面积大大增加，棉纺织品成为人们服装的主要原料，而棉纺织业也一跃成为重要产业。围绕手工业生产贸易，出现了新兴的工商市镇，如松江的棉纺织业、山东临清与江南苏州的丝织业、广东佛山的冶铁业、江西景德镇的陶瓷业及福建建阳的印刷业等。冯梦龙在《醒世恒言》中描述苏州吴江县盛泽镇：“镇上居民稠广，土俗淳朴，俱以蚕桑为业。男女勤谨，络纬机杼之声，通宵彻夜。那市上两岸丝绸牙行，约有千百家。远近村坊织成绸匹，俱到此上市。四方商贾来收买的，蜂攒蚁集，挨挤不开，路途无伫足之隙。乃出产锦绣之乡，积聚绫罗之地。江南养蚕所在甚多，惟此镇处最盛。”② 工商市镇是农业、手工业及商业相分离的结果，表明了社会分工的进一步扩大，是晚明社会生产关系多元深化的体现。

没有货币的流通，就不可能有活跃的商品经济。随着晚明手工业与商业的繁荣，整个社会对白银货币的需求不断扩大。事实上，早在成化、弘治年间，面对“朝野上下俱用银”的局面，大学士丘濬就曾提出“以银为上币，钞为中币，钱为

① 曾德昭．大中国志［M］．何高济，译．李申，校．上海：上海古籍出版社，1998.
② 冯梦龙．醒世恒言［M］．北京：中华书局，2009：235.

下币……宝钞铜钱通行上下，而一权之以银”①，试图以银为价值尺度，建立银本位制度。嘉靖年间，白银货币化的态势已经基本奠定，白银渗透到了社会生活的各个角落。② 从现存的契约文书、公文档案，以及《金瓶梅》、“三言二拍”等当时流行的通俗小说来看，最晚到嘉靖后期，白银已经成为市场流通的主力货币。万历初年，内阁首辅张居正主持经济改革，推行“一条鞭法”和“以银代役”，几乎从官方立场确立了白银货币的合法地位，而晚明手工业、商业的发展，进一步加大了从朝廷到民间对白银的渴求。15 世纪中叶，大航海时代开启，从西而来的葡萄牙、西班牙的商人发现可以以白银换取丝绸、瓷器等丰富优质的中国商品，这极大刺激了他们对美洲银矿的疯狂采掘。通过“欧洲—美洲—亚洲”三角贸易，当时全世界开采的白银几乎有一半都流入了中国。据估计，从万历元年（1573）到崇祯十七年（1644），葡萄牙、西班牙、日本诸国通过贸易输入中国的银圆，有一亿元以上。③ 有学者认为，正是在晚明时期，从中国开始，几乎围绕地球一周的贸易结构，以白银为轴心建立了起来，在世界一体化的过程中，出现了第一个全球经济体系。④ 巨量白银流入中国，极大满足了晚明农业、手工业及商业的发展，而对白银的追求，也进一步促进了农业、手工业的生产积极性。以“白银货币—商品贸易”为代表景观，一个前所未有、充满活力的晚明经济时代由此开始。

---

① 丘濬. 丘濬集：第二册［M］. 周伟民，王瑞明，崔曙庭，唐玲玲点校. 海口：海南出版社，2006：496.

② 万明. 晚明社会变迁问题与研究［M］. 北京：商务印书馆，2005：243.

③ 梁方仲. 明代粮长制度［M］. 上海：上海人民出版社，1957：128.

④ 万明. 晚明社会变迁问题与研究［M］. 北京：商务印书馆，2005：244.

晚明政治　险象环生

有明一代，朝廷官场政治生态始终笼罩在皇帝专权与政治斗争的阴云之下。明初太祖时期便有“胡惟庸案”“蓝玉案”等株连数万人的惊天大案，随后成祖皇帝清除异党又波及甚广。宣德、弘治时期，君臣关系相对缓和，正德、嘉靖时期，政治环境愈发险恶。嘉靖早期发生震惊朝野的“大礼议”事件。仅在嘉靖三年（1524）七月的“左顺门哭谏”中，先后被逮捕的官员就有二百余人。其中为首的八人被流放边疆，五品以下官员被施以杖刑的达一百八十余人，当场被杖毙的有十七人①。

嘉靖中期以后，斗争与迫害愈发激烈，其中具有代表性的包括：以严嵩为核心的“严党”对杨爵、杨继盛、沈炼等反对者的迫害；万历早期张居正的“夺情”事件，以及张居正倒台后对其党羽的清算；万历中后期的“争国本”“妖书案”等剑拔弩张的朝野斗争；天启年间魏忠贤阉党对东林人士的残忍杀戮；崇祯时期温体仁、周延儒的斗法；南明弘光朝廷的党争……皇帝与官员的矛盾、官员各派各党之间的斗争，无一不是刀刀见血、你死我活。官员的命运，很大程度上不取决于本人的品质能力，而取决于君主的个人意志和自身的命数运气，他们的政治前途，注定充满了不确定性与悲剧性，动辄招来杖责牢狱乃至杀身之祸。这令官员士大夫人人自危，熟读明朝文献的王夫之就曾经写道：“身为士大夫，俄加诸膝，俄坠诸渊，习于呵斥，历于桎梏，褫衣以受隶校之凌践。”②

① 谷应泰．明史纪事本末［M］．北京：中华书局，1977：750-753.

② 王夫之．读通鉴论［M］．北京：中华书局，1975：86.

与残酷政治生态形成呼应的是朝廷官员的微薄薪俸与经济拮据。《明史·食货志》中说："自古官俸之薄，未有若此者。"① 时人于慎行在《穀山笔麈》中写道："近代之俸可谓至薄。"② 根据学者估算，明代正七品官员的可支配俸禄每年折合白银约三十两，而晚明时期，人均每年消费粮食为五点五石，加上其他基础消费，一个普通人要维持基本生活，每年至少需要六两白银。③ 也就是说，一个正七品的官员，如果没有亲友的资助或者其他渠道的收入，其薪俸甚至难以养家糊口，更遑论其他消费。此外，从明初到晚明，中国的人口扩大数倍，印刷书籍与官学教育的普及也使得科举考试的参加人数连年攀升，而举人、进士的名额却几乎没有增加。这就使得科举考试的竞争愈发激烈，考取功名、进入仕途的机会越来越少。大量的文人学子皓首穷经，专意仕进，但是终其一生也只能是个秀才。

明代儒生至少考中举人以上才能获得官场的"入场券"，没有收入来源的秀才往往陷入十分困窘尴尬的局面。汤显祖《牡丹亭》中的腐儒陈最良一生贫困，人送外号"陈绝粮"，而《牡丹亭》中"天下秀才穷到底"的俗语④，堪称当时广大不得志的读书人最真实的写照。崇祯年间的平话小说《西湖二集》则颇带调侃地写道："从来道人生世上，一读了这两句书，便有穷鬼跟着，再也遣他不去。"⑤ 饱读诗书的秀才们身

① 张廷玉，等．明史［M］．北京：中华书局，1974：2003.
② 于慎行．穀山笔麈［M］．吕景琳点校．北京：中华书局，1997：107.
③ 赵强．"物"的崛起：前现代晚期中国审美风尚的变迁［M］．北京：商务印书馆，2016：146. 其数据来源于陈宝良、高寿仙等学者的相关研究。
④ 汤显祖．汤显祖戏曲集［M］．钱南扬校点．上海：上海古籍出版社，2010：243-245.
⑤ 周清原．西湖二集［M］．上海：上海古籍出版社，1994：97-100.

上不再是书香墨香，而是贫困潦倒的穷酸味。晚明大量诗作将穷秀才在商品横流的大都市中囊中羞涩的窘迫之景描绘得淋漓尽致："穷儒文章不易出，那能传世如金铜""归来自怨怒，自悔身为儒""袖可几缗徒目饱，囊羞仆笑腐儒惭"[①] ……面对晚明商品经济带来的宏大物质景观，捉襟见肘的文人士子徒有艳羡眼红。

在明代中前期，儒家"安贫乐道""重义轻利"的精神仍占士人主流，而像晚明穷秀才这样"无奈却又真切、明确地表露出身为儒生的惭愧、自卑乃至懊悔、怨怒之情的例子，在前代也并不多见"[②]。究其根源，仍是在"金令司天，钱神卓地；贪婪罔极，骨肉相残"[③] 的晚明时代，商品白银经济如同滚滚洪流，裹挟着人们的欲望与贪婪，瓦解着旧秩序、旧伦理。而对于文人士子来说，"读书—科举—做官"的人生路径，已经不是最优选择：腐朽的科举制度已经消磨了读书人大量精力与才华，而微薄的薪俸、有限的晋升空间及日益恶劣的官场生态，更加剧了他们对正统读书出仕之路的失望。当时社会上开始出现"秀才穷鬼""做官赔本"等价值评断，王阳明就曾写《贾胡行》讽刺道："请君勿笑贾胡愚，君今奔走声利途。钻求富贵未能得，役精劳形骨髓枯。竟日惶惶忧毁誉，终宵惕惕防艰虞。一日仅得五升米，半级仍甘九族诛。胥靡接踵略无悔，请君勿笑贾胡愚！"[④]

① 刘侗，于奕正. 帝京景物略［M］. 孙小力校注. 上海：上海古籍出版社，2001：243-244.

② 赵强．"物"的崛起前现代晚期中国审美风尚的变迁［M］. 北京：商务印书馆，2016：140.

③ 顾炎武. 天下郡国利病书［M］. 上海：商务印书馆：1935：151.

④ 王守仁. 王阳明全集［M］. 吴光，钱明，董平，姚延福编校. 上海：上海古籍出版社，2010：777.

晚明思想 多元重生

晚明经济与政治的异动，动摇了“农本商末”“重农抑商”的传统思想。在当时，人们认为：“士、农、工、商，各执一业，又如九流百工，皆治生之事业。”① “四民之业，惟士为尊，然而无成，不若农贾。”② 士农工商皆是社会结构的重要组成部分，缺一不可，当仕途之路行不通、走不顺的时候，经商获利也是很好的人生选择。《明清徽商资料选编》中记载的许多晚明徽商言论证实了这一历史现象：“人在天地间，不立身扬名，忠君济世，以显父母，即当庸绩商务，兴废补弊。”③ “丈夫志四方，何者非吾所当为？即不能拾朱紫以显父母，创业立家亦足以垂裕后昆。”④

不仅民间流行的思想观念有所变化，许多正统士大夫也逐渐认识到了商业的重要性，如万历年间兵部右侍郎汪道昆有言：“窃闻先王重本抑末，故薄农税而重征商。余则以为不然，直壹视而平施之耳。日中为市，肇自神农，盖与耒耜并兴，交相重矣……要之各得其所，商何负于农？”⑤ 时人陆楫则颇富先见地看到了商业消费对繁荣市场、提高生产的重要作用：“盖俗奢而逐末者众也……苏杭之境为天下南北之要冲，四方辐辏，百货毕集，故其民赖以市易为生，非其俗之奢故也。噫！是有见于市易之利，而不知所以市易者正起于奢。使

① 冯应京．月令广义［M］//四库全书存目丛书：史部第164册．济南：齐鲁书社，1996：596.

② 李维桢．大泌山房集［M］//四库全书存目丛书：集部第153册．济南：齐鲁书社，1996：154.

③ 张海鹏，王廷元．明清徽商资料选编［M］．合肥：黄山书社，1985：83.

④ 张海鹏，王廷元．明清徽商资料选编［M］．合肥：黄山书社，1985：470.

⑤ 汪道昆．太函集［M］//四库全书存目丛书：集部第164册．济南：齐鲁书社，1996：68.

其相率而为俭，则逐末归农矣，宁复以市易相高耶……”①

对商业的重视，逐渐形成了“工商皆本”的社会思想，如黄宗羲便写道：“世儒不察，以工商为末，妄议抑之。夫工固圣王之所欲来，商又使其愿出于途者，盖皆本也。”② 王阳明也认为，士农工商四民虽然异业，但是其求生之道却是一致的：“工商以其尽心于利器通货者，而修治具养，犹其工与商也，故曰：四民异业而同道。”③ 随着商品经济的不断发展，许多开明的文人开始对商人勤劳致富的品质表现出赞赏，对他们处于社会底层的不公平地位也表达了不满，如李贽写道：“且商贾亦何可鄙之有？挟数万之赀，经风涛之险，受辱于官吏，忍诟于市易，辛勤万状，所得者末。”④ 何心隐则进一步提出，商人的地位应该大于农民、手工艺人而仅次于士人：“商贾大于农工，士大于商贾，圣贤大于士。”⑤ 事实上，晚明商人与士人的地位，甚至发生了倒转。家财万贯的商人广受追捧，而读书士人却大都贫穷窘迫：“满路尊商贾，愁穷独缙绅。古今风俗异，难只怪仪真。”⑥ 清代龚自珍亦对晚明重商习气进行了评价：“有明中叶嘉靖及万历之世，朝政不纲……其实尔时优伶之见闻、商贾之习气，有后世士大夫不能攀跻者。”⑦ 可见“重商”思想在晚明时期的泛滥。

---

① 陆楫．蒹葭堂杂著摘抄［M］//巫宝三，李普国．中国经济思想史资料选辑：明清部分．北京：中国社会科学出版社，1990：132-133.

② 黄宗羲．明夷待访录［M］//巫宝三，李普国．中国经济思想史资料选辑：明清部分．北京：中国社会科学出版社，1990：270.

③ 王守仁．王文成公全书［M］．王晓昕，赵平略点校．北京：中华书局，2015：1081.

④ 李贽．焚书［M］．北京：中华书局，1974：138.

⑤ 何心隐．何心隐集［M］．容肇祖整理．北京：中华书局，1981：53.

⑥ 孙枝蔚．溉堂后集［M］//四库全书存目丛书：集部第206册．济南：齐鲁书社，1996：636.

⑦ 龚自珍．龚自珍全集［M］．王佩诤校．上海：上海古籍出版社，1999：200.

人口与阶层变化带来的不仅是晚明社会风气、文化观念的转化，与此同时，文化思想内部也在发生变革。明代中后期，阳明心学的横空出世，带来了对传统程朱理学的质疑与撼动。作为儒学的自我内部革新，王阳明及其后学的学说，是儒学在晚明的主要呈现形式。明初，朱元璋钦定朱熹《四书章句集注》为科举考试的标准大纲，以此将程朱理学奉为圭臬，试图通过科举这一人才选拔制度管控天下读书人的思想。张岱认为，阳明心学一出，思想界“如暗室一炬”[①]。王阳明继承了南宋陆九渊的心学思想内核，第一次开宗明义地提出“致良知”的重要命题：“人者，天地万物之心也，心者，天地万物之主也。”[②] 个体自身的重要性，被旗帜鲜明地高举起来；而人之良知灵明，成了一切的主宰。“天没有我的灵明，谁去仰他高？地没有我的灵明，谁去俯他深？鬼神没有我的灵明，谁去辨他吉凶灾祥？天地鬼神万物离却我的灵明，便没有天地万物了。”[③]

阳明学的广泛传播，主要得益于阳明后学群体的弘扬与发展，其中以王畿与王艮的影响最大。尤其是王艮开启的泰州学派，将作为士人精英文化的儒学推向普罗大众，实现了晚明儒学的世俗化。从王艮百姓日用即道，推崇“乐学”一体、再到李贽“穿衣吃饭即人伦物理，除却穿衣吃饭，无伦物矣”[④]，阳明后学将个体原则发展到了极致，从而书写了中国思想史上鲜见的锋颖凛然的新篇章[⑤]。《明史·儒林传序》说阳明“门

① 张岱. 张岱诗文集［M］. 夏咸淳辑校. 上海：上海古籍出版社，2018：232.

② 王守仁. 王文成公全书［M］. 王晓昕，赵平略点校. 北京：中华书局，2015：259.

③ 王守仁. 王文成公全书［M］. 王晓昕，赵平略点校. 北京：中华书局，2015：153-154.

④ 李贽. 焚书［M］. 北京：中华书局，1974：4.

⑤ 周群. 儒释道与晚明文学思潮［M］. 北京：商务印书馆，2023：14.

徒遍天下，流传逾百年”。“嘉、隆而后，笃信程朱，不迁异说者，无复几人矣！”① 这恰恰说明阳明心学对当时占据正统地位的程朱理学造成巨大冲击，晚明的思想在阳明心学的引导影响下呈现出多元发展的局面。

晚明经济政治文化的剧变，极大冲击了读书人安身立命的身份认同和存在根基，士人阶层开始重新审视自身的价值判断、人生选择及生活观念等；而在禅修、净土、仙道、秘密宗教等各类文化泛滥及晚明儒释道三教合流的大背景下，整个社会呈现出多元开放的文化面貌，投身于个体的日常生活体验和物质文化享受成为许多士人的选择。人生苦短，及时行乐便成为部分晚明士人的人生信条。如袁宏道就曾提出著名的“五快活”之说：

目极世间之色，耳极世间之声，身极世间之鲜，口极世间之谈，一快活也；堂前列鼎，堂后度曲，宾客满席，男女交舄，烛气薰天，珠翠委地，金钱不足，继以田土，二快活也；箧中藏万卷书，书皆珍异，宅畔置一馆，馆中约真正同心友十余人，人中立一识见极高如司马迁、罗贯中、关汉卿者为主，分曹部署，各成一书，远文唐、宋酸儒之陋，近完一代未竟之篇，三快活也；千金买一舟，舟中置鼓吹一部，妓妾数人，游闲数人，浮家泛宅，不知老之将至，四快活也；然人生受用至此，不及十年，家资田地荡尽矣。然后一身狼狈，朝不谋夕，托钵歌妓之院，分餐孤老之盘，往来乡亲，恬不知耻，五快活也。士有此一者，生无可愧，死可不朽矣。②

① 张廷玉，等．明史［M］．北京：中华书局，1974：7222.

② 袁宏道．袁宏道集笺校［M］．钱伯城笺校．上海：上海古籍出版社，2008：205.

这种具有鲜明“晚明色彩”的纵欲享乐的社会风气，从某种程度来看固然是“士风不振”“世风凋敝”的体现，然而也从侧面反映了晚明士人对个人日常生活和主体身心体验的重视，这正是生活美学得以在晚明大行其道的原因。

第二节　“地利”——江南生活美学的地域土壤

从张岱的诗文笔记等文字作品来看，他日常活动的区域主要以其老家浙江绍兴为中心，足迹遍布杭州、苏州、无锡、镇江、扬州、南京等江南各地，最远曾到过山东泰安。江南地区在晚明是物产最为丰饶、人口最为密集的区域之一，其手工业、商业在全国首屈一指。商品经济的繁荣、工商市镇的遍布及大都市的崛起等，都在刺激鼓励着人们对日常生活的重新体认。江南的奢华与风雅，也催生了士人日常生活美学的兴盛，而这正是张岱日常生活美学观念与实践生成的重要地域土壤。

江南地域　富足丰饶

中国古代经济重心经过数次南移，至晚明时，江南地区成为中国经济最为富足的地区之一。“东南形胜，三吴都会，钱塘自古繁华。”优越的自然气候与地理环境为农业耕作提供了坚实的基础，而密布的水网与航道将长三角地区连接成为一个活跃的经济整体。晚明之时，伴随着江南地区人口数量的快速增加，“地狭人稠”成为亟待解决的问题：

江南寸土无闲，一羊一牧，一豕一圈，喂牛马之家，鬻刍豆而饲焉……江南园地最贵，民间莳葱韭于盆盎之中，植竹木于宅舍之侧，在郊桑麻，在水菱藕，而利薮共争，谁能余隙地？①

规模日益扩大的农业生产保证了粮食安全与社会稳定，大量过剩人口却不可避免地从粮食生产中分离出来，流向城镇。

与此同时，江南地区的手工业也迎来了它的黄金期，谷物加工、制曲酿酒、制茶榨油、丝织棉纺、造纸印刷、服饰编织、工具制造、建筑材料、日用百货、造船修船等各类手工业纷纷发展起来。过剩人口满足了手工业发展的需求，为之提供了充足的劳动力资源，仅以棉纺织业为例：据李伯重先生估算，明代晚期江南年产棉布约 5000 万匹，而从事纺织的农妇约有 170 万人，平均每人一年工作时长在 200 天左右。② 正如顾炎武引方志所载江南松江府的案例："纺织不止乡落，虽城中亦然……机杼轧轧，有通宵不寐者。田家收获，输官偿外，其衣食全恃此。"③ 纺织成为某些人家最主要的收入来源，足可见江南手工业地位之重。

手工业的生产与贸易催生了江南地区商品经济的发展。商人在流通和销售商品的过程中获得高额的利润，经商成为获取财富的重要途径。商业的可观收益吸引了社会各阶层投入到经商盈利的滚滚洪流之中，这无疑又给江南地区商业的繁荣注入了活力。嘉靖时，何良俊这样描述社会人员结构的变化："昔日逐末之人尚少，今去农而改业工商者，三倍于前矣。"④ 原本只能在家相夫教子的妇女，也开始抛头露面买卖货物。比如

① 徐光启．农政全书［M］．石声汉点校．上海：上海古籍出版社，2020：218.
② 李伯重．江南的早期工业化 1550—1850［M］．北京：社会科学文献出版社，2000：38-45.
③ 顾炎武．肇域志［M］．谭其骧，王文楚，朱惠荣等点校．上海：上海古籍出版社，2004：296.
④ 何良俊．四友斋丛说［M］．北京：中华书局，1959：112.

范濂的《云间据目抄》就记载了松江地区一种特殊的女商人——“卖婆”：“近年小民之家妇女，稍可外出者，辄称卖婆，或兑换金珠首饰，或贩卖包帕花线，或包揽做面篦头，或假充喜娘说合，苟可射利，靡所不为。”①

经商书籍大量出版，经商文化氛围浓厚，整个晚明社会都充斥着经商逐利的风气。在此影响之下，大量曾以科举八股为业的儒生士子“弃儒就贾”便不足为奇。江南地区以儒业昌盛、民风淳朴著称，而到了嘉靖之后，有成千上万的江南士人开店设铺，他们或经营借贷，或收取润笔，或出卖字画，或交易古董，或刻印贩书……如清代钱泳在《履园丛话》中记载了苏州皋桥百货商人孙春阳：

原是浙江宁波人，万历中年甫弱冠，应童子试不售，遂弃举子业为贸迁之术。始来吴门，开一小铺……其为铺也，如州县署，亦有六房，曰南北货房、海货房、腌腊房、酱货房、蜜饯房、蜡烛房。售者由柜上给钱取一票，自往各房发货，而管总者掌其纲，一日一小结，一年一大结。自明至今，以二百三十四年，子孙尚食其利，无他姓顶代者。吴中五方杂处，为东南一大都会，群货聚集，何啻数十万家，惟孙春阳为前明旧业。②

苏州孙春阳经商的原因在于科举失利，而经商的成功同其本人的文化品位与运营能力密不可分。晚明时期大批文人士子投身商海，为当时的经商队伍补充了新生力量，拓展了许多新型文化业态，满足了人们的物质与精神需求，推动了江南商品

① 范濂. 云间据目抄［M］//谢国桢选编. 明代社会经济史料选编（校勘本）下［M］. 福州：福建人民出版社，2004：434.

② 钱泳. 履园丛话［M］. 张伟点校. 北京：中华书局，1997：640.

经济的繁荣。

以南京城为例："……斗门淮清之桥，三山大中之街，乌瀛白圭之俦，骈背项兮交加。日中贸易，哄哄咤咤。云间之布，雅安之茶。吴会玉栅之灯，勾漏石床之砂。翠聚琼台之馆，曲连淮阴之车。万货各离其乡土，何聚会之纷拏……虽殊途其货殖，而一致于金镂。"[①] 现存明代《南都繁会图卷》生动复现了当时留都南京的市井风貌。图中出现的林林总总的门店商铺，其醒目的招牌、广告记录了当时商品经济的繁盛，如"东西两洋货物俱全""西北两口皮货发客""福广海味发客"等。货物的丰富、流通的扩大、店铺的多样是当时江南地区商品经济活跃的显著标志，而晚明江南繁荣的商品经济，不仅是人们生活富足丰饶的表现，同时也为日常生活走向艺术化、审美化奠定了坚实丰厚的物质基础。

江南市镇　星罗棋布

发达的手工业与商品经济，进一步加速了晚明江南地区工商市镇的形成。据研究者统计，明中叶之后，江南苏、松、杭、嘉、湖五府，在短短数十年间生长出 210 多个市镇。到明末，江南苏、松、常、应、镇、杭、嘉、湖八府的大小市镇共计有 357 个。[②] 弘治年间，吴江县据县志记载仅 2 市 4 镇，嘉靖年间增为 10 市 4 镇，明末清初增为 10 市 7 镇；嘉定县市镇由正德年间的 15 个，增加到万历时期的 3 市 17 镇；松江府正、嘉间市镇 44 个，崇祯时则达 65 个。[③] 可以说，在晚明江南的环太湖流域，星罗棋布地分布着作为商品生产集散枢纽的

① 桑悦．南都赋［M］//黄宗羲．明文海［M］．北京：中华书局，1987：7.

② 数据转引自樊树志．明清江南市镇探微［M］．上海：复旦大学出版社，1990.

③ 范金民．明清江南商业的发展［M］．南京：南京大学出版社，1998：321.

工商市镇，而每个市镇的中心无不都是人口密布、店铺林立、商贾云集。

据樊树志先生研究，丝织巨镇苏州吴江盛泽镇，在明初的时候仅有人家五六十户；成化年间，“始有居民附集，商贾渐通”；嘉靖中期已经渐渐有“市”的规模；万历之后，市镇规模进一步扩大，成为声名在外的江南巨镇。当地有诗云“神宗以后始繁奢，狭巷穰穰闹日斜”，这与冯梦龙等人小说中描写的完全一样。① 再如以生产棉花标布闻名的松江府朱家角镇：“朱家角，在五十保。商贾辏聚，贸易花布，京省标客，往来不绝，今为巨镇。”② 江南地区的工商市镇加快了社会分工，初步形成了以手工业者、大小商人为代表的新兴市民阶层，一种与古朴安宁的乡村风貌全然不同的市镇生活也在此时出现了。

如《乾隆吴江县志》称明成化、弘治年间，苏州府吴江县“坊巷井络，栋宇鳞次，百货具集，通衢市肆以贸易为事者，往来无虚日。嘉、隆以来，居民益增，贸易与昔不异”③。再如嘉定县南翔镇，嘉靖年间屡遭匪祸战乱，一度衰退凋敝，但在万历时很快凭借着商品贸易东山再起，“多徽商侨寓，百货填集，甲于诸镇”④。嘉兴、秀水两县交界处的濮院镇，始建于洪武年间，在明中叶后走向鼎盛，李培作《玄明观碑记》载，濮（院）镇“迩来肆廛栉比，华厦鳞次，机杼声轧轧相

① 樊树志．江南市镇：传统的变革［M］．上海：复旦大学出版社，2005：490-491.

② 顾炎武．肇域志［M］．谭其骧，王文楚，朱惠荣等点校．上海：上海古籍出版社，2004：298.

③ 丁元正，倪师孟，等．乾隆吴江县志［M］．中国方志丛书华中地区一六三号．台北：成文出版社，1991：125.

④ 韩濬，张应武，等．万历嘉定县志［M］//刘兆祐主编．中国史学丛书三编第四辑：43．台北：台湾学生书局，1987：124.

闻，日出锦帛千计，远方大贾携橐麏至，众庶熙攘于焉”①。在市镇的生活中，粮号、布号、典当行等是商贸运行的重要经济单位，而服务性行业如饭店、茶馆、旅社等生意也相当红火。发达的手工业、密集的居住人口、往来的商贩行贾、鳞次栉比的商铺……构成了晚明江南市镇的主要日常景观。

小型市镇已经规模俨然，而大城市如南京、苏州、杭州等更是熙攘繁盛。晚明张瀚《松窗梦语》这样描述南京：“北跨中原，瓜连数省，五方辐辏，万国灌输。三服之官，内给尚方，衣履天下，南北商贾争赴。”② 南京明初是首都，在永乐迁都北京之后，南京虽然丧失了帝都的地位而成为“留都”，但它在明帝国的政治、经济、文化等领域依然具有重要的意义。南京不仅有一套完整的“六部”行政体系，许多政商豪族亦世居于此。明代中后期，南京凭借着得天独厚的地理位置与充足的资源，快速转型成为“商业大都市”。明人所绘《南都繁会图卷》真实再现了当时南京城市商业繁荣与百姓生活富足的场景。根据王宏钧、刘如仲统计，整个画面上大大小小的商家店铺招牌有 109 种，如“义兴油坊”“涌河布庄”“绸绒老店”“铜锡老店”“头发老店”“靴鞋老店”“雨伞”“木行”“裱画”“画寓”“药材”“人参发兑”“茶社”“酒”“张楼”“应时细点名糕”“大生号生熟漆”“杨君达家海味果品”“万源号通商银铺”“立记川广杂货”③ ……城市中各色新鲜的货物吸引着人们的眼球，人们几乎可以在店铺里买到自己需要

① 李培. 玄明观碑记//水西全集：卷八［M］. 明天启元年（1621）刻本：21 页.

② 张瀚. 松窗梦语［M］. 盛冬铃点校. 北京：中华书局，1985：83.

③ 王宏钧，刘如仲. 明代后期南京城市经济的繁荣和社会生活的变化：明人绘《南都繁会图卷》的初步研究［J］. 中国历史博物馆馆刊，1979（1）：99-106，146，148-149.

的任何商品与服务。

南京之外，苏州、杭州也是晚明江南重要的大城市，其繁盛与南京相比有过之而无不及。如王世贞感叹苏州“财赋之所出，百计淫巧之所凑集，驵侩诪张之多倚窟”，认为苏州堪称“天下第一繁雄郡邑”①。顾炎武在《天下郡国利病书》中写道：“吴民不置田亩，而居货于商，阛阓之间，望如锦绣，丰筵华服，竞侈相高。”② 苏州的手工业、商业、财政赋税等都在全国名列前茅，苏州人也引领着江南乃至整个中国的时尚潮流。王锜《寓圃杂记》记载：“闾檐辐辏，万瓦甃鳞，城隅濠股，亭馆布列，略无隙地。舆马从盖，壶觞罍盒，交驰于通衢……丝竹讴舞与市声相杂。凡上供锦绮、文具、花果、珍馐奇异之物，岁有所增，若刻丝累漆之属，自浙宋以来，其艺久废，今皆精妙，人性益巧而物产益多。”③ 杭州曾是南宋都城，至晚明时期，仍然繁华兴盛：“入钱塘境，城内外列肆几四十里，无咫尺瓯脱，若穷天罄地无不有也。”④ 凡所应有，无所不有的大城市，如同五彩斑斓的万花筒，满足了人们对日常生活的好奇心与探索欲。在晚明的江南都市，日常生活不再是枯燥乏味的背景板，它以一种全新的面目刷新了人们的思想认知与感官体验，而日常生活的意义也由此被重新体认。

江南生活　逐奢尚雅

晚明江南繁荣富足的商品经济，催生了日常生活方式与社

① 王世贞. 弇州山人续稿［M］. 李振华发行. 台北：文海出版社，1970.

② 顾炎武. 天下郡国利病书［M］//黄珅，等点校. 顾炎武全集：第12册. 上海：上海古籍出版社，2012：496.

③ 王锜. 寓圃杂记［M］. 张德信点校. 北京：中华书局，2007：42.

④ 聂心汤. 钱塘县志［M］//黄成助发行. 中国方志丛书：华中地方第一九二号. 台北：成文出版社，1975.

会风尚的变迁。正德、嘉靖之后，社会风气开始向奢侈靡费的方向转变。对此深有研究的徐泓教授认为："嘉靖以后，社会风气侈靡，日甚一日。侈靡之风盛行，消费增加，提供人民更多就业机会，尤其商品贸迁质与量的增加，更加促进商品经济的发达。侈靡之风盛行，又影响明末社会秩序的安定，僭礼犯分之风流行，对贵贱、长幼、尊卑均有差等的传统社会等级制度，冲击甚大。"① 首当其冲的便是江南等人口密集、商贸发达之地。

顾起元在《客座赘语》中记载南京地区的风尚变化：

正嘉以前，南都风尚最为醇厚，荐绅以文章政事、行谊气节为常，求田问舍之事少，而营声利，畜伎乐者，百不一二见之；逢掖以呫哔帖括，授徒下帷为常，投贽干名之事少，而携倡优、耽博弈，交关士大夫陈说是非者，百不一二见之；军民以营生务本，畏官长，守朴陋为常，后饰帝服之事少，而买官鬻爵，服舍亡等，几与士大夫抗衡者，百不一二见之；妇女以深居不露面，治酒浆，工织纴为常，珠翠绮罗之事少，而拟饰娼妓，交结姏媪，出入施施不异男子者，百不一二见之。②

这种正嘉之前"百不一二见之"的追逐世俗功利、崇尚享乐奢侈的社会怪象，在正嘉之后大肆流行。社会风气的变化，很快影响到了文人士子的消费观念与生活方式。

弘（治）、正（德）之间，犹有淳本务实之风。士大夫家居多素练衣，缁布冠。即诸生以文学名者，亦白袍青履，游行市中。庶氓之家，则用羊肠葛及太仓本色布，此二物价廉而质

① 徐泓. 明清社会史论集［M］. 北京：北京大学出版社，2020：9-48.
② 顾起元. 客座赘语［M］. 陈稼禾点校. 北京：中华书局，1987：25-26.

素，故人人用之，其风俗俭薄如此。今者里中子弟，谓罗绮不足珍，及求远方吴紬、宋锦、云缣、驼褐，价高而美丽者，以为衣，下逮裤袜，亦皆纯采，其所制衣，长裙阔领，宽腰细褶，疏忽变异，号为时样，此所谓服妖也。故有不衣文采而赴乡人之会，则乡人窃笑之，不置上座。①

作为伦理道德规范承担者的文人士大夫，在晚明时代也开始渐趋奢靡，服饰的华丽昂贵仅是其日常生活的一个侧面。嘉靖后期伴随着商品白银经济的全面铺开，衣、食、住、行各个领域无不蔓延着“崇华逐奢”之风。

日常生活走向奢靡的另一表现为人们对古玩书画等文化商品的消费需求增加，而以苏州为代表的江南地区，正是各种古董、手工艺品生产交易的滥觞之地。如沈德符在《万历野获编》中写道：“玩好之物，以古为贵，惟本朝则不然。永乐之剔红、宣德之铜、成化之窑，其价遂与古敌……始于一二雅人，赏识摩挲，滥觞于江南好事缙绅，波靡于新安耳食。诸大估曰千曰百，动辄倾橐相酬，真赝不可复辨，以至于沈（周）唐（伯虎）之画，上等荆（浩）关（仝）；文（徵明）祝（枝山）之书，进参苏（东坡）米（芾）。”② 毫不夸张地说，苏州引领着晚明大江南北的时尚生活潮流，不仅苏绣、苏扇、苏笺等日用商品火爆市场，古董书画的造假制假也以苏州为最。王士性在《广志绎》中记载：

姑苏人聪慧好古，亦善仿古法为之，书画之临摹，鼎彝之

---

① 林云程，沈明臣，等. 万历通州志［M］// 天一阁藏明代方志选刊：第10册，上海：上海书店，2014：47.

② 沈德符. 万历野获编［M］. 谢兴尧点校. 北京：中华书局，2007：653.

冶淬，能令真赝不辨。又善操海内上下进退之权，苏人以为雅者，则四方随而雅之，俗者，则随而俗之，其赏识品第本精，故物莫能违。又如斋头清玩、几案、床榻，近皆以紫檀、花梨为尚，尚古朴不尚雕镂，即物有雕镂，亦皆商周、秦汉之式，海内僻远皆效尤之，此亦嘉、隆、万三朝为盛。①

江南苏州地区所产的日用器物、古董珍玩、陈列家具等，皆因清雅古朴、制作精良而广受欢迎；与此同时，苏人的品鉴评赏也影响着日常生活审美的判断标准。依托着发达的商品贸易活动与不容忽视的审美话语权，晚明江南地区的生活美学一时风头无两。

对晚明江南士人来说，生活美学并不在于奢侈靡费，而在于通过器物、行为、时空，构建一种“清雅”的日常生活场域，实现与外在世俗的疏离和自我心灵的安置。如万历年间，浙江秀水名士冯梦祯所向往的日常生活中有“家常五事：教子弄孙，对老妇宴，语娱小姬，有客对客，饮食随宜，不粗不侈。除此五事，则居书室。书室十三事：随意散帙、焚香、瀹茗品泉、鸣琴、挥麈习静、临摹书法、观图画、弄笔墨、看池中鱼戏、或听鸟声、观卉木、识奇字、玩文石”②。与张岱交好的陈继儒则认为，理想的日常生活环境是“石上藤萝，墙头薜荔，小窗幽致，绝胜深山，加以明月清风，物外之情，尽堪闲适……净几明窗，一轴画，一囊琴，一只鹤，一瓯茶，一炉香，一部法帖；小窗幽径，几丛花，几群鸟，几区亭，几拳

① 王士性. 广志绎［M］. 吕景琳点校. 北京：中华书局，1997：33.

② 冯梦祯. 快雪堂集六十四卷［M］//四库全书存目丛书：集部第206册. 济南：齐鲁书社，1997：648.

石，几池水，几片闲云”①。他们普遍认为，这种充满闲情的日常生活之美，其真义在于“一人独享之乐”。譬如焚香、试茶、洗砚、鼓琴、校书、候月、听雨、浇花、高卧、勘方、经行、负暄、钓鱼、对画、漱泉、支杖、礼佛、尝酒、晏坐、翻经、看山、临帖、倚竹等，“皆一人独享之乐”②。此种种行为皆无关奢侈靡费，而是独属于士人阶层的“雅”。这种赏花听琴、饮茶焚香的艺术化生活，不仅成为当时社会文化精英的生活常态，同时也引得其他群体纷纷效仿。

今天从晚明各类钻研精致日常生活的笔记读物中，我们还能感受到当时“江南生活美学”的兴盛。下面试举几例：苏州府胡震亨的《长物志》是对文人士大夫清雅生活面面俱到的记录；江阴人周高起的《阳羡茗壶系》着重于茶壶茶具的鉴赏；松江人董其昌在《骨董十三说》中对古董收藏如数家珍；昆山张德谦的《瓶花谱》堪称最早的插花艺术指南；扬州周嘉胄的《装潢志》精于书画装裱；吴江计成的《园冶》长于园林建构；钱塘人胡文焕的《香奁润色》详细记录了妇女美容保养的各种秘方；钱塘人高濂的《遵生八笺》记载了数千种养生保健的秘诀……如此罗列，数不胜数。江南地区物质与精神的双重繁荣，以及生活美学实践研习之风的普遍，无疑为张岱生活美学观念与实践的生成提供了最为优渥的地域土壤。

---

① 陈继儒. 小窗幽记［M］. 陈桥生评注. 北京：中华书局，2008：160.

② 陈继儒. 太平清话［M］. 上海：商务印书馆，1936：38.

第三节 “人和”——张岱生活美学的个性缘起

晚明多元异动的时代背景与江南富足风雅的地域土壤，为张岱提供了充分感受日常生活之美的契机。对张岱本人来说，其生活美学观念与实践的生成，与其家庭环境、社会交游及个人成长经历，尤其是哲学思想密不可分：出生在江南绍兴缙绅仕宦之家的张岱，不仅有着优渥的家庭经济条件，而且受到了良好审美文化的熏陶；他的交游遍及当时的江南文化名士圈，以及社会各色人等，这给了张岱进入不同阶层、不同群体日常生活世界的机会；张岱的个人成长及其家庭、读书等人生经历，也深深影响了他对日常生活的态度与观念，而这正是独属于张岱生活美学的个性缘起。

钟鸣鼎食　书香世家

张岱的著作大多署名为“古剑老人”或“蜀人张岱”。据张氏家谱载，其祖籍为古剑州绵竹，也即今天的四川省绵竹市。绍兴张岱一族是南宋初年抗金名将张浚的后裔。张浚四世孙张远猷在南宋咸淳元年（1265）自临安迁至山阴绍兴，定居于此。到明代中后期，经过300余年的繁衍，张氏子孙已经遍布山阴及周边邻县各地。张岱五世祖张天复以科举起家，嘉靖二十六年（1547）进士及第，历任吏部主事及云南按察司副使等要职。因被卷入中央皇权与云南沐氏家族的权力斗争而身陷囹圄，其子张元忭奔走数年为父申冤，最终得以翻案昭雪。心灰意冷的张天复罢官归乡后，日渐消沉，“构别业于镜湖之阯，高梧深柳，日与所狎纵饮其中，命一小傒踞树头，俟文恭（张元忭）舟至，辄肃衣冠待之，去即闭门轰饮叫嚎如故也”①。张天复在儿子张元忭高中状元之后，愈发放纵狂浪，六十二岁暴病身亡。

张岱家族的科举仕途之路，在其曾祖张元忭之时达到顶峰。张元忭是隆庆五年（1571）状元，授翰林院修撰，迁左谕德。他潜心古学，与黄汝亨等结“史社”，常相聚读史论文，以人品学问闻名于世，时人称赞他“孝友在乡党，端节在乡间，直声在朝廷，令闻在天下”。张元忭性情耿介正直，不畏强权，嘉靖三十四年（1555），杨继盛上书弹劾严嵩，被杀弃市，张元忭“设位于署，为文哭之，悲怆愤鲠，闻者吐舌”。张元忭是典型的恪守儒家规范的士大夫，日常生活中对待儿子儿媳“动辄以礼”。他在黎明时于堂上敲击铁板三下，儿女弟妹都须在堂上肃拜。家中女眷来不及梳洗，只能半夜开始缠头上妆，家人不胜劳苦烦闷，看见铁板则称之为“铁心肝”。其生活更是艰苦简朴，儿媳们略有“衣纹绣、饰珠玉”者，张元忭见之便怒，“褫衣及珠玉，焚之阶前，更布素，乃许进见”。夫人王氏天性简约朴素，手结线网巾，一二顶可卖数十文钱，人称“此状元夫人所结也”，争抢买之。② 张元忭师从阳明后学王龙溪，但对他“谈本体而讳言功夫，识得本

① 张岱. 沈复燦钞本琅嬛文集［M］. 路伟，马涛点校. 杭州：浙江古籍出版社，2016：282.
② 张岱. 沈复燦钞本琅嬛文集［M］. 路伟，马涛点校. 杭州：浙江古籍出版社，2016：285.

体，便是工夫”的观点提出疑问，认为“凡本体本无可说，凡可说者皆工夫也”。张元忭虽宗阳明、龙溪之学，但“究竟不出于朱子”①，这一点对张岱学术、文化思想的形成有重要意义。

张岱祖父张汝霖是万历二十二年（1594）进士，官至兵部主事，历任山东、贵州、广西副使、参议等职，其岳父朱赓曾官拜内阁，声名显赫。张汝霖学术人品亦为时人所推重，后因故被人弹劾，被迫辞职归乡，此后郁郁不得志，竟沉溺声妓园林，终日纵欲享乐。张岱在《家传》中不无遗憾地评论道：“大父自中年丧偶，尽遣姬侍，郊居者十年，诗文人品卓然有以自立，惜后又有以夺之也。倘能持此不变，而澹然进步，吾大父之诗文人品，其可量乎哉！”② 作为长房长孙的张岱，极受祖父张汝霖的喜爱，不仅由他亲授诗书，而且自幼跟随他与当时的文化名流如陈继儒、黄汝亨等人相往来。张岱回忆道：“余幼时遵大父教，不读朱注。凡看经书，未尝敢以各家注疏横据胸中。”③ 这种较为宽松开明的教学方法，对张岱成年之后的治学和为人观念都产生了极大影响：不拘泥于某种特定方式与风格，善于灵活变通，同时坚持自己的独特体悟，并敢于向传统观念发起挑战。

张岱家族至其父叔这一辈已然有了衰落的迹象，族中子弟读书仕途远不如前，但贪图享乐之风却愈演愈烈，为了争夺田宅家产反目成仇大打出手者时而有之。世家大族的末路总是伴随着各种人生悲剧，张岱的父亲张耀芳便是一位悲情人物。身

① 黄宗羲. 明儒学案［M］. 沈芝盈点校. 北京：中华书局，1985：324.
② 张岱. 沈复燦钞本琅嬛文集［M］. 路伟，马涛点校. 杭州：浙江古籍出版社，2016：289.
③ 张岱. 四书遇［M］. 朱宏达校注. 杭州：浙江古籍出版社，2017：1.

为长子的张耀芳肩负着振兴家族荣光的责任，因此沉埋于八股科举四十余年，无奈一直中举无望，直到五十三岁那年，才以"副榜贡谒选"，成为鲁王的幕僚。从张岱《家传》的记载来看，张耀芳在任上也颇有过一番作为，然而鲁王更看重的却是张耀芳精通的道家神仙导引之术，"君臣道合，召对宣室，必夜分始出"，这对有"济世之志"的张耀芳来说是莫大的讽刺。"一生襟抱未曾开"的张耀芳，晚年像他的父亲张汝霖和曾祖父张天复一样，沉湎于"声伎歌舞，土木花鸟，精舍楼船，一切华靡之事"。他以神仙之道、纵欲之乐来缓解内心的痛苦与压抑，却因暴饮暴食引发严重的胃疾，不到六十岁便病殁。张岱对自己的父亲有深厚的理解与同情："少年不事生计而晚好神仙……先子暮年，身无长物，则是先子如邯郸梦醒，繁华富丽，过眼皆空。"[①] 这与张岱在甲申国变后发出的"繁华靡丽，过眼皆空；五十年来，总成一梦"的感慨又何其相似！家族的影响对张岱而言是意义深远的，不论是学术修史、诗文艺术还是日常生活，世家大族带给张岱的不仅仅是物质和精神的滋养，更是一种对人生命运的深刻体悟。

广阔交游　深情挚诚

一个人脾气秉性与人生观念的形成，除了与家世相关外，交游亦是非常重要的影响因素。张岱性格不拘小节，交游广泛，朋友知己遍及他读书生活的各个方面。如在《祭周戬伯文》中，他就写道：

> 余独邀天之幸，凡平生所遇，常多知己。余好举业，则有黄贞父陆景邺二先生，马巽青赵驯虎为时艺知己；余好古作，

① 张岱. 沈复燦钞本琅嬛文集［M］. 路伟，马涛点校. 杭州：浙江古籍出版社，2016：289.

则有王谑庵年祖、倪鸿宝、陈木叔为古文知己；余好游览，则有刘同人、祁世培为山水知己；余好诗词，则有王予庵、王白岳、张毅儒为诗学知己；余好书画，则有陈章侯、姚简叔为字画知己；余好填词，则有袁箨庵、祁止祥为曲学知己；余好作史，则有黄石斋、李研斋为史学知己；余好参禅，则有祁文载、具和尚为禅学知己……①

由此可见，张岱所交者形形色色，皆为当时江南地区的文化名流与士族精英，他们在经史、诗词、书画、戏曲、旅游等方面都具有极深的造诣。难能可贵的是，张岱的“朋友圈”却又不局限于士人阶层。对生活充满热爱的张岱，还拥有一大批民间挚友，其中既有已经声名显赫的艺术家和名妓，也有大量当时被视为中下阶层的民间优秀匠人、艺人、乐人、伶人等，可谓三教九流，无所不包。

祁彪佳是张岱堂弟张萼的表亲兼连襟（张萼夫人商氏与祁彪佳夫人商景兰为姐妹，张萼母亲王氏与祁彪佳母亲王氏亦为姐妹）。张岱与祁彪佳不仅是姻亲，更是志同道合的好友。祁彪佳少年得志，年纪轻轻便高中进士，官至苏松巡按，后因卷入朝堂纷争自请辞官归乡。他与张岱一样对诗词、戏曲、园林等有广泛的爱好，二人交往极为密切。在《祁彪佳日记》中，与张岱相关的事宜有数十条，尺牍书信亦有十余封。祁彪佳十分欣赏张岱的才华，在张岱科举失利后，已经辞官归乡的祁彪佳多次上书地方官员，为其辩解陈情：

今有府学增生张岱，当其试卷初落笔时，士共以前茅相推许，盖因其夙望在人故耳。及文宗公祖考列五等，人颇骇

① 张岱. 张岱诗文集［M］. 夏咸淳辑校. 上海：上海古籍出版社，2018：401.

之……治弟与之寒窗伊唔时，已见其淹贯经史，博极群书，旁及诗歌古文，真可衙官屈宋，则今数载已来，其所造之更有进焉可知矣。乃高自标置，不肯俯就时趋，治弟每规之而不听，今日之遭蹶，病正坐此……治弟以数年笔砚之友，不忍见其才华肝胆消落至此……独不免为此生饶舌者。[①]

祁彪佳为官清正且精明强干，虽然辞官居乡，但在越中一带有着极高的政治声望。崇祯九年（1636）夏，绍兴大疫，祁彪佳施药救济，张岱作《丙子岁大疫祁世培施药救济记之》盛赞："敢借宰官医国手，天下精神尽抖擞。"[②] 崇祯十三年（1640）冬春，浙江饥荒，祁彪佳主持绍兴地区的救荒活动，身为布衣的张岱作《杞人筹越》[③] 为其出谋划策。崇祯十五年（1642）秋，已经风雨飘摇的大明朝廷重新起用了祁彪佳，他要独身穿过烽火连天的中原地带前往京城任职。行至淮安时，张岱赶赴而来："闰十一月初四日，张宗子自清江浦来访"；"初七日，张宗子别，以《金汤十二策》示予"；"初八日，张宗子又来晤"[④]。临别时张岱赠诗云"羽书紧急到淮阳，匹马冲寒为改装。三十六人胆压卤，千三百里义勤王。家书只写平安字，朝事皆存破夹囊。惜别故人分袂去，黄河渡口泪盈眶"[⑤]。由此可见，两人不仅在文学艺术及日常生活审美上有着高度的共通之处，也是肝胆相照、生死与共的知己。

值得注意的是，张岱的"朋友圈"极广，其中不乏品茶

① 祁彪佳．都门入里尺牍·与李映碧公祖．转引自张岱．张岱诗文集［M］．夏咸淳辑校．上海：上海古籍出版社，2018：484.
② 张岱．沈复燦钞本琅嬛文集［M］．路伟，马涛点校．杭州：浙江古籍出版社，2016：51.
③ 张岱．沈复燦钞本琅嬛文集［M］．路伟，马涛点校．杭州：浙江古籍出版社，2016：382.
④ 祁彪佳．祁彪佳日记［M］．张天杰点校．杭州：浙江古籍出版社，2016：633.
⑤ 张岱．沈复燦钞本琅嬛文集［M］．路伟，马涛点校．杭州：浙江古籍出版社，2016：84.

高手闵老子、曲中名妓王月生、雕刻匠人濮仲谦等民间艺人。张岱与这些人交往，绝不是站在高高在上的贵族公子角度，而是采取一种平等开放的姿态。在《祭义伶文》[①] 中，张岱无比痛惜地怀念了自己的伶人好友夏汝开。“夏汝开，汝尚能辨余说话否邪？”开篇之问凄然悱恻，令人动容。夏汝开是张家戏班中的一个艺人，在当时社会中处于中下层地位。张岱不仅“典衣一袭”为夏汝开葬父，更是在夏汝开身故之后，备粮食，买舟航，送其母亲弟妹回乡，并使其妹“适良人”，可谓仁至义尽。在祭文中，张岱对伶人夏汝开进行了高度评价：“汝生前傅粉登场，弩眼张舌，喜笑鬼诨，观者绝倒，听者喷饭，无不交口赞夏汝开妙者，绮席华筵，至不得不以为乐。死之日，市人行道，儿童妇女无不叹息。”在同这些艺人交往的过程中，张岱为他们的精湛技艺所折服，为他们的善良品质所打动，始终诚恳以待，这在阶级分明的封建社会时期是难能可贵的。与市井百姓日常生活的相近相亲，使张岱对生活有了更为广阔深刻的了解认知；生活之美，也并不在于风雅奢华的外在形式，而是一种对世间万物及人间百态发自肺腑的真挚与深情。正是因为这一份真情，日常生活才有了脱离于功利实用与琐屑支离之外的审美价值。

己性自遂　快意人生

明万历二十五年（1597）农历八月二十五日，张岱出生于江南绍兴城内状元坊的名门世家。到了张岱这一辈，张家虽然声名显赫不似当年，却依然富足阔绰：“余生钟鼎家，向不知稼穑。米在囷廪中，百口丛我食。婢仆数十人，殷勤伺我

① 张岱. 张岱诗文集［M］. 夏咸淳辑校. 上海：上海古籍出版社，2018：395.

侧……喜则各欣然，怒则长戚戚。"① 奴仆成群、锦衣玉食的生活，并未使张岱成为不学无术的纨绔子弟；恰恰相反，书香浓厚的家族氛围和与文化名流的交游往来，使得张岱从小便在史学、文学、艺术等方面得到良好的熏陶。在很小的时候，他就表现出不同于常人的聪慧灵隽。张岱晚年的《快园道古》中记载了几则童年趣事：

陶庵六岁，舅氏陶虎溪指壁上画曰："画里仙桃摘不下。"陶庵对曰："笔中花朵梦将来。"虎溪曰："是子为今之江淹。"

陶庵六岁，在渭阳家，一客见缸中荷叶出，出对曰："荷叶如盘难贮水。"陶庵对曰："榴花似火不生烟。"一座赏之。

陶庵八岁，大父携之至西湖，眉公客于钱塘，出入跨一角鹿，一日，向大父曰："文孙善属对，吾面考之。"指纸屏上《李白骑鲸图》曰："太白骑鲸，采石江边捞夜月。"陶庵曰："眉公跨鹿，钱塘县里打秋风。"眉公赞叹，摩予顶曰："那得灵敏至此，吾小友也。"②

天资聪颖的张岱从小极受祖父喜爱。张汝霖在罢官归乡后，亲自教授张岱研读儒家经典，教学方法别具一格：

正襟危坐，朗诵白文数十余过，其意义忽然有省，间有不能强解者，无意无义，贮之胸中。或一年，或二年，或读他书，或听人议论，或见山川云物、鸟兽鱼虫，触目惊心，忽于此书有悟……③

① 张岱. 张岱诗文集［M］. 夏咸淳辑校. 上海：上海古籍出版社，2018：38.

② 张岱. 快园道古 琯朗乞巧录［M］. 佘德余，宋文博点校. 杭州：浙江古籍出版社，2016：81.

③ 张岱. 四书遇［M］. 朱宏达校注. 杭州：浙江古籍出版社，2017：1.

这种不以程朱思想作为唯一标准的读书方式，深刻影响了张岱的治学与为人。在对儒学经典进行个人阐释的《四书遇》中，张岱常常吸收佛理禅宗、仙家道学甚至通俗小说中的微言大义或者论证方法，用来解释“天命心性”等儒家基本观点。他把儒家经典、诸子百家及禅宗机锋等融为一体，以散文家的手笔娓娓道来，试图还原一个被程朱神化遮蔽的真实的孔子：“固知后之以文宣王谥孔子者，俱不知孔子者也。”①

张岱的思想受到晚明儒释道诸种思想杂糅交融之风的影响，如他的父亲张耀芳精通仙道之术，而母亲陶氏虔诚地信仰佛教，但毫无疑问，以阳明心学为代表的儒学积极入世思想始终是张岱哲学思想的基石。令人遗憾的是，饱读诗书、才华斐然的张岱屡试不第。这不仅由于他未遵守科举行文规范，“格不入试”［即遇到表示尊称的文字，如“国朝”“圣人”等，需要“抬格”，即另起一行抬头书写，张岱在崇祯八年（1635）的杭州乡试中以此原因落榜，之后他便不再参加科考］；更由于张岱自由疏放的读书方法，与当时以朱熹《四书章句集注》为核心内容的八股考试官方大纲格格不入。科举考试的不顺，使得张岱经世济民的入仕之路就此终结，但并未让他一蹶不振。从之后张岱积极参与协助地方城建城防、抗疫救荒等事务来看，他依然心系一方百姓，有着以布衣之力实现经世救世的志向。正如其好友陈洪绶所言：“吾友张宗子，才大气刚，志远博学，不肯俯首牖下，天下有事，亦不得闲置。”② 张岱极为推崇北宋名臣范仲淹，将“先天下之忧而忧，后天下之乐而乐”视为读书人应信奉的至理格言，而面对晚

① 张岱. 四书遇［M］. 朱宏达校注. 杭州：浙江古籍出版社，2017：1.
② 陈洪绶. 陈洪绶集［M］. 吴敢点校. 杭州：浙江古籍出版社，1994：41.

明八股考试“以镂刻学究之肝肠，亦用以消磨豪杰之志气”①的情况，张岱不由发出了这样的慨叹：“使世间士子无此胸襟，则读书种子先绝矣，更寻何人仔肩宇宙？”②

对科举考试和世俗风气彻底失望的张岱，并没有走上高祖张天复、祖父张汝霖及父亲张耀芳纵欲享乐以逃避现实的路径。张岱深受阳明心学的影响，十分重视对自我“良知”的体认：

> 吾人住世，一灵往来，半点帮贴不上。所为戒慎恐惧，亦是这点独体，惺然透露，如剑芒里安身，铁轮顶上立命，无始光明，一齐迸露……人者，仁也。天命之性，天而人者也。合而言之，道也。率性之道，人而天者也。③

“良知”在张岱看来是人安身立命的根本，而“率性”则是“良知”自然而然的展开，王学所谓“自遂”便是如此。张岱还受到李贽关于“穿衣吃饭，即是人伦物理”学说的影响，强调“良知”在日常生活中的展开作用。他在《四书遇》中提出：“凡为仁者，只在布帛菽粟饮食日用之间，原不必好高骛远。”④张岱尊重生命的天性与自由，反对“鱼牢幽闭，涨腻不流”“何苦锁禁，待以胥縻”的禁锢与压迫，要“纵壑开樊，听其游泳”“放之山林”⑤，并由此提出了“物性自遂”的主张，呼吁摆脱外在各种形式的束缚与笼络，一任自然“良知”本真地流露，自由自在地纵行于人间；而张岱所反复

① 张岱. 石匮书［M］//续修四库全书：第320册. 上海：上海古籍出版社，2002：419.
② 张岱. 四书遇［M］. 朱宏达校注. 杭州：浙江古籍出版社，2017：182.
③ 张岱. 四书遇［M］. 朱宏达校注. 杭州：浙江古籍出版社，2017：19.
④ 张岱. 四书遇［M］. 朱宏达校注. 杭州：浙江古籍出版社，2017：336.
⑤ 张岱. 四书遇［M］. 朱宏达校注. 杭州：浙江古籍出版社，2017：68.

推崇的“真情真气”“物性自遂”“己性自遂”，正是基于这种哲学观念的理解和阐发。[①] 正如王阳明所言：“去世离俗，积精全神，游行天地之间，视听八远之外……全耳目，一心志，胸中洒洒，一丝不挂。”[②] 这种空灵坦荡的境界，正是超越世俗、摆脱名教之后的灵魂自由与精神完满。生命与心灵由是得到栖居之所，对世间万物“诗性”“审美”的眼光也得以自这一维度生成，张岱生活美学的深层哲学思想正根植于此。

① 胡益民．张岱评传［M］．南京：南京大学出版社，2002：167.

② 王守仁．王阳明全集［M］．吴光，钱明，董平，姚延福编校．上海：上海古籍出版社，1992：805.

第六章

张岱生活美学的范式特征

· 审美观念

· 审美范畴

· 审美追求

本章从审美观念、审美范畴、审美追求三个层次分析张岱生活美学的范式特征。从审美观念来看，张岱认为人、事、物、景等世间万物皆可进入审美视野成为审美客体，而从审美主体的角度看，“色声香味触法”等感官体验的细致深化，也促进了对生活的审美维度的体认；从审美范畴来看，深受《周易》思想影响的张岱充分借鉴其中辩证融通的思想智慧，将天与人、理与趣、雅与俗等多个相反相成的审美范畴融会贯通，形成一种和谐相生、忧乐圆融、辩证通达的审美范式特征；从审美追求来看，张岱推崇一种超越官能体验的“冰雪之气”，强调对广阔丰富人生百态的体验，同时主张通过日常生活场域的营建，实现自我精神世界的构筑。

第一节　审美观念

在对儒家“四书”进行解读的著作《四书遇》的叙言中，张岱写有这样一段文字：

盖遇之所云者，谓不于其家，不于其寓，直于途次之中邂逅遇之也。古人见道旁蛇斗而悟草书，见公孙大娘舞剑器而笔法大进，盖有以遇之也。古人精思静悟，钻研已久，而石火电光，忽然灼露，其机神摄合，政不知从何处着想也。举子十年攻苦，于风檐寸晷之中构成七艺，而主司以醉梦之余忽然相投，如磁引铁，如珀摄刍，相悦以解，直欲以全副精神注之。其所遇之奥窍，真有不可得而自解者矣。推而究之，色声香味触法，中间无不可遇之。一窍特留，以待深心明眼之人，邂逅相遇，遂成莫逆耳。[①]

这种“遇”的方法，正是张岱读书治学的基本方式路径：知识学问是一种“活生生”的存在，它并非仅得之于书斋课本，而应当与人们在日常生活中的诸种实践相契合，并在某种特定际遇下，使人产生“电光石火”般的深刻体悟。

① 张岱. 四书遇：自序［M］. 朱宏达校注. 杭州：浙江古籍出版社，2017：1. 原书作“色声香味触发中间”，疑误。今从国家图书馆出版社“中华再造善本”《张子文秕　诗秕》，改作“色声香味触法中间”。

“遇”不仅是张岱解读“四书”等儒家经典的方法，推而及之，大千世界万事万物和人的“色声香味触法”等诸种感官之间，皆能产生这种“邂逅相遇”的奇妙体验。日常生活作为这种“遇”的场域，并非如同阿格尼丝·赫勒所说的那样，遵循最小费力的原则，以“实用性”与“重复性”为特点，“蚕食本是创造性实践和思维的领地，延缓我们去承认新事物，去辨别其中所内含的问题……导致日常生活的灾难，阻碍个性的发展”①。与之相反，在张岱看来，流动而多彩的日常生活，恰恰包孕着各种真（知识）、善（伦理）、美（情感）的可能，它与艺术和哲学之间，也并没有一道坚不可摧的壁垒，而是为艺术、哲学的发展源源不断地提供着动力和养分；“人之为人”的各种崇高意义，在日常生活的“广阔场域”中才得以实现。正如鲁尔·瓦格纳姆所说：“对任何人来说，自我的解放必须有一个先决条件，那就是要发现这一点：学会生活，而不是学会存活。”②

在这样一种底层思维的影响下，我们不难得出张岱日常生活的基本审美观念：从审美客体来看，人、事、物、景世间万物皆可进入审美视野；从审美主体来看，“色声香味触法”多重感官经验的调动也促进着人们对生活的审美认知与体悟；日常生活的各种审美活动，正由两者合宜合分地“邂逅相遇”碰撞而成。这种融会贯通的“整体性”审美心理图式，与明代中后期广泛流行的阳明心学“良知”之说密不可分，同时也深受张元忭“重本体亦重工夫”思想的影响，即“良知本

① 阿格妮丝·赫勒．日常生活［M］．哈尔滨：黑龙江大学出版社，2010：126-127.

② 鲁尔·瓦纳格姆．日常生活的革命［M］．张新木，戴秋霞，王也频，译．南京：南京大学出版社，2008：10.

体”只有在日常生活的各种实践“工夫”中，才能得到自然而然的舒展延伸；审美亦然，对美的各种感知体验，只有在丰富广袤的日常生活世界中才得以完全实现。试看他为祁彪佳的寓山别墅所作的《寓山诗》①：

水明廊

前山月正明，群鸥不成寐。

惊起换汀沙，光同玻璃碎。

读易居

夜寂山如洗，月光生道心。

始知读书意，不及山水深。

浮影台

古来善画者，画竹贵取影。

如入承天寺，空明杂藻荇。

沁月桥

山中多旱月，无泉不得沁。

欲识月何味，试汲月来饮。

溪山草阁

佳句堕春江，今来入梦话。

方识杜老诗，诗中亦有画。

茶坞

山坞试新茶，竹炉水正沸。

日铸有雪芽，来与通声气。

樱桃林

居然在意中，仿佛成林隈。

① 张岱. 沈复燦钞本琅嬛文集［M］. 路伟，马涛点校. 杭州：浙江古籍出版社，2016：210-218.

荷锸问主人，樱桃种也未？

抱瓮小憩

主人抱瓮来，其意尚有在。

先灌陌上花，后灌畦上菜。

……

张岱为寓山别墅中的四十九处景点进行题咏，寓山别墅中的山、水、花、草、动物、人等皆被纳入审美视野之中，而每处景点的审美侧重都有所不同。他还调用了色彩、声音、味觉多重感官体验，以诗人与画家的眼光挖掘寓山别墅之美。正如李渔所说："若能具一段闲情，一双慧眼，则过目之物，尽在画图；入耳之声，无非诗料。"① 所谓"闲情""慧眼"，便是从日常生活的惯性思维、功利理路中抽离出来，用审美的心怀与眼光去认真审视生活。② 张岱的生活美学观念，正是以一种超乎功利的美学态度去观照、去体验我们所生活的这个"活生生"的世界，并从中获得精神的愉悦与心灵的放松；《陶庵梦忆》《西湖梦寻》《瑯嬛文集》中他那平凡普通却意趣盎然的生活经历，也正是基于这样的审美心理而被反复回味。

张岱写道：

世间有绝无益于世界，绝无益于人身，而卒为世界、人身所断不可少者，在天为月，在人为眉，在飞植则为草本花，为燕鹂螽蝶之属。若月之无关于天之生杀之数，眉之无关于人之视听之官，草花燕蝶无关于人之衣食之数，其无益于世界人身

① 李渔. 李渔全集：第一卷　笠翁一家言文集［M］. 单锦珩点校. 杭州：浙江古籍出版社，1991：177.

② 王飞. 李渔闲情美学思想研究［M］. 北京：中国传媒大学出版社，2019：130.

也明甚。而试思有花朝而无月夕，有美目而无灿眉，有蚕桑而无花鸟，犹之乎不成其为世界，不成其为面庞也！[①]

这段文字展现出张岱对审美之价值的深刻认识：美，如月、眉、花、鸟一般，对满足人们日常生活的衣食住行、视听嗅触等实用性需求来说无关紧要，即德国古典哲学家康德所说的“非目的性”“无功利性”；但是失去“美”，世界与人类（主体与客体）会变得割裂而不完整，这与“美是无目的的合目的性”等观点不谋而合。“超越功利”的审美价值，给平凡的日常生活赋予神圣性与崇高感，有助于锚定人生的意义。

不为无益之事，何以遣有涯之生。张岱好友秦一生便是以日常生活之审美实现自身价值的典型案例：秦一生终其一生寄情于山水声伎、丝竹管弦、樗蒲博弈、盘铃剧戏等“无益之事”，凡越中有相关活动，必前往观之，水火不避，风雨无阻。直至去世之前，他仍念念不忘与张岱约定的寓山之旅，口呼“寓山，寓山”，抱恨而死。痴癖若此，于国于家毫无益处，然而张岱却对他充满了理解与赞许：

虽然，士人日寻于名利之中，如蛆唼粪，蝇逐膻，憧憧无已时，不知山水声伎为何物。一生既唾而践之。而世更有粗豪鲁莽，山水园亭，酒肉腥秽，声伎满前，顽钝不解。而一生以局外之人，闲情冷眼，领略其趣味，必酣足而归。则是他人之园亭，一生之别业也；他人之声伎，一生之家乐也；他人之供应奔走，一生之臧获奴隶也……四十年之风花雪月，无日无之。昔人谓百年三万六千场，一生所得，已一万四千有奇矣。真目厌绮丽，耳厌笙歌。一生之奉其耳目，

① 张岱. 沈复燦钞本瑯嬛文集［M］. 路伟，马涛点校. 杭州：浙江古籍出版社，2016：316.

真亦不减王侯矣！[①]

在张岱看来，好友秦一生遵从自己的本心，以一种超乎功利的审美眼光，寄怀于山水声伎和丝竹管弦之中，并从中获得心灵的极大满足，这样的人生或许在旁人看来无法理解，但是就秦一生自身的旨趣和选择而言，却是十分充实而有意义的。生活美学更为深层的精神意蕴或许正在于此。

① 张岱. 沈复燦钞本琅嬛文集［M］. 路伟，马涛点校. 杭州：浙江古籍出版社，2016：316.

第二节　审美范畴

张岱受家学影响，从小酷爱研习《周易》，经过数十年的反复揣摩研究，写有《大〈易〉用》与《明〈易〉》等易学研究著作，惜已散佚。不过，张岱的易学思想在《大〈易〉用序》《四书遇》《石匮书》等著作中时有体现，从中可窥见他对《周易》流动变通、循环往复的辩证法哲学思想的深刻体悟："《易》之为用，不可以不变，又不可以不善变。何也……善变者，乘机构会，得之足以乘大功；不善变者，背理伤道，失之足以成大祸。用《易》而不善于变易，亦无贵于用《易》者矣！"[①] 张岱熟于易学，充分借鉴其中辩证融通的思想智慧，自觉将之运用于儒学研读、历史分析、文艺创作及日常生活之中。因此他的生活美学呈现出天与人、理与趣、雅与俗等多个审美范畴的对立统一和兼容并包，形成一种和谐相生、忧乐圆融、辩证通达的范式特征。

自然人力　和谐相生

张岱在《与何紫翔》一文中，具体探讨了演奏古琴的技艺问题。这也代表了张岱对各种文艺门类及审美形式的基本看法。

① 张岱. 张岱诗文集［M］. 夏咸淳辑校. 上海：上海古籍出版社，2018：190.

弹琴者，初学入手，患不能熟，及至一熟，患不能生。夫生，非涩勒离歧、遗忘断续之谓也。古人弹琴，吟揉绰注，得手应心。其间勾留之巧，穿度之奇，呼应之灵，顿挫之妙，真有非指非弦、非勾非剔，一种生鲜之气，人不及知，己不及觉者。非十分纯熟，十分淘洗，十分脱化，必不能到此地步。盖此练熟还生之法，自弹琴拨阮、蹴踘吹箫、唱曲演戏、描画写字、作文做诗，凡百诸项，皆藉此一口生气。得此生气者，自致清虚；失此生气者，终成渣秽。吾辈弹琴，亦惟取此一段生气已矣。①

张岱提出的“练熟还生”之法，是一种颇富创见的文艺创作观。即各种文学艺术形式，既需要纯熟精湛的技艺，作为游刃有余地演奏的基础和底气，同时也要避免匠气太重，需以一种“生鲜之气”赋予作品生机盎然、灵动活泼的能量。张岱从不讳言艺术创作中娴熟技艺的重要性，并高度赞赏那些刻苦研习诸种技艺的匠人、艺人。如《陶庵梦忆·柳敬亭说书》中，说书人柳敬亭讲武松打虎时，“描写刻画，微入毫发”，展现了精湛的说书技艺；《陶庵梦忆·朱楚生》中，朱楚生“性命为戏，下全力而为之”，把戏曲表演当作生命中最重要的事情努力钻研，最终成为一代名伶；《陶庵梦忆·金乳生草花》中，“弱质多病”的金乳生对花草种植怀有极大的热情，不仅养植花草的水平登峰造极，而且终日沉浸其中，几乎到了痴狂的境地，因而种植的花草远近闻名……

在“练熟还生”的创作方法中，纯熟的技艺与认真的态度只是前提条件。优秀艺术作品更需要以电光石火般的瞬间灵

① 张岱. 张岱诗文集［M］. 夏咸淳辑校. 上海：上海古籍出版社，2018：289.

感，挣破固定思维的惯性与窠臼。张岱在《跋谑庵五帖》中写道："天下有好意为好者未必好，而古来之妙书妙画，皆以无心落笔，骤然得之。"① 这种"无心落笔""骤然得之"的创作路径，摆脱了技艺的固化与限制，为作品注入自然流动的"生鲜之气"，所谓"文章本天成，妙手偶得之"便是如此。张岱对"偶得"的创作方法的赞许，看似与他对技艺的强调有所矛盾，实则两者对立统一、不可分割，正如"良知心体"与"实践工夫"的相辅相成。文艺作品需要"妙手"与"灵感"，而纯熟的技艺与扎实的积累，正是"妙手"与"灵感"习成获得的前提。从文学艺术的灵感与技艺之关系，可以进一步引申出张岱对"自然"与"人力"范畴关系的辩证态度：自然与人力都有各自发展的规律、各自的长处，人力在自然面前并非完全被动，而是具有一定的能动作用；自然与人的关系应是相辅相成、相互作用的，人可以发挥主观力量改造自然，但也应充分遵循自然的规律，避免失去"自然生气"。这与唐代刘禹锡"天人相胜"的说法不谋而合。

以园林营造为例，《陶庵梦忆》中的园林营造无不追求自然浑朴。不论是于园的磥石成园，砎园的以水贯园，还是筠芝亭的依山建园，几乎都遵从顺应了自然规律，加之人力恰到好处的设计与营造，得以精妙绝伦。与这些正面范例不同，《陶庵梦忆·瑞草溪亭》② 中张萼对溪亭的营构，便是一个弄巧成拙的反面教训：修建园林前没有明确可行的规划，只能反反复复拆拆建建，前后改了十七次。对于水景的营造尺寸深度毫无概念，以至于水景的形态反复变更，"此地无溪也，而溪之，

① 张岱. 张岱诗文集［M］. 夏咸淳辑校. 上海：上海古籍出版社，2018：355.

② 张岱. 陶庵梦忆 西湖梦寻［M］. 路伟，郑凌峰点校. 杭州：浙江古籍出版社，2018：132.

溪之不足，又潴之、壑之……索性池之，索性阔一亩，索性深八尺”；对于山石盲目求古雅而不惜涂抹马粪，甚至动用画工：“以山石新开，意不苍古，乃用马粪涂之，使长苔藓，苔藓不得即出，又呼画工以石青石绿皴之”；对于树木，等不及它们长大，反复移栽，导致树木频死：“种树不得大，移大树种之，移种而死，又寻大树补之”……如此反复折腾，造成了人力物力的极大浪费：“溪亭虽渺小，所费至巨万焉……一头造，一头改，一头卖，翻山倒水无虚日。”张萼对瑞草溪亭的改造，与“天人相胜”的原则背道而行，无视自然万物的规律，凭借个人喜好与认知，反反复复修改腾挪，最终只能一地鸡毛。

“天人相胜”不仅体现在艺术创作及园林营构中，更生动展现于人在自然中所进行的读书、劳作、旅游等和谐畅快的日常活动中。《陶庵梦忆·天镜园》[①] 中记载了这样一处人间妙境：“高槐深竹，樾暗千层，坐对兰荡，一泓漾之，水木明瑟，鱼鸟藻荇，类若乘空。”绿竹、流水、鱼鸟、藻荇，一幅绿意盎然、充满生机的自然图景跃然眼前。在其中读书论道，感受“鸢飞鱼跃”的生命律动，真可谓身心畅快。“扑面临头，受用一绿，幽窗开卷，字俱碧鲜。”天镜园中还能享用到一种美味的笋：“每岁春老，破塘笋必道此。形如象牙，白如雪，嫩如花藕，甜如蔗霜。”人凭借着智慧与技艺，乘自然之势建造了这样一处别致精巧的园林空间，而自然也恰恰以园林为中介对人进行物质与精神的回馈。人在其中可耕、可读、可渔、可画，天人相胜，妙不可言。而在《陶庵梦忆·焦山》

① 张岱. 陶庵梦忆 西湖梦寻［M］. 路伟，郑凌峰点校. 杭州：浙江古籍出版社，2018：45.

一文中，张岱有这样一段印象深刻的回忆："一日，放舟焦山，山更纡谲可喜。江曲涩山下，水望澄明，渊无潜甲……山无人杂，静若太古。回首瓜州烟火城中，真如隔世。"① 眼前静若太古的山河，身后烟火熙攘的城池，一天一人，一近一远，一静一动，视觉对比形成的瞬间爆发力不可谓不令人震撼。自然的永恒不朽固然令人惊叹，然而人世间的平凡烟火生活不也值得珍惜吗？

理趣兼备　忧乐圆融

张岱热爱日常生活，并善于从中发现具有感性价值与审美意蕴的"闪光瞬间"。然而这并不意味着他只单以一种享受玩乐的心态来面对生活；相反，张岱在尽情享受日常生活乐趣的同时，更带有一双理性审视的眼睛，以局外人的视角去思考体悟其中的深意。他在《快园道古·小序》中这样写道："余盖欲于诙谐谑笑之中窃取其庄严法语之意，而使后生小子听之者忘倦也。"② 张岱重视幽默诙谐背后的"庄严法语"，在趣味横生的日常记录中，融入自己对生活的理性思考与判断，从而形成"理趣兼备，忧乐圆融"的范畴特点。正如他在《陶庵梦忆·鲁藩烟火》中所言："天下之看灯者，看灯灯外；看烟火者，看烟火烟火外。未有身入灯中、光中、影中、烟中、火中，闪烁变幻，不知其为王宫内之烟火，亦不知其为烟火内之王宫也。"③ 如同置身于烟火外才能看到烟火的全貌一般，只有跳脱出生活本身而不沉迷其中，坚持理性客观的视角，才能更全面准确地了解生活的真相。

---

① 张岱．陶庵梦忆　西湖梦寻［M］．路伟，郑凌峰点校．杭州：浙江古籍出版社，2018：26.

② 张岱．快园道古　琯朗乞巧录［M］．佘德余，宋文博点校．杭州：浙江古籍出版社，2016：7.

③ 张岱．陶庵梦忆　西湖梦寻［M］．路伟，郑凌峰点校．杭州：浙江古籍出版社，2018：22.

在张岱与其好友袁于令探讨戏曲艺术的《答袁箨庵》一文中，我们能清楚地看到这位“生活玩家”理性客观的一面：“传奇至今日，怪幻极矣！非想非因，无头无绪，只求热闹，不论根由，但要出奇，不顾文理。”[①] 在此文中张岱批评了那种一味猎奇抓人眼球，却忽略了戏剧基本逻辑的做法。戏剧如此，生活亦然。在张岱看来，新鲜趣味固然重要，理性与逻辑也同样不可缺失。在《陶庵梦忆·阮圆海戏》中，他客观评价了阮大铖的戏剧造诣：“阮圆海家优，讲关目，讲情理，讲筋节，其所打院本，又皆主人自制，笔笔勾勒，苦心尽出，故所搬演，本本出色，脚脚出色，出出出色，句句出色，字字出色。”[②] 阮大铖是明末著名的戏剧家，他对剧本的创作打磨堪称极致，然而阮大铖其人却“诋毁东林，辩宥魏党，为士君子所唾弃”。人品的不堪影响到了时人对阮大铖作品的评价，张岱也曾与其断绝联系不复来往。但是就论戏剧创作而言，张岱评价其“镞镞能新，不落窠臼”，算是十分理性客观了。

张岱对日常事物的观察细致入微，这种观察不是仅浮于表面观感，而是有着深层思考逻辑。《陶庵梦忆·樊江陈氏橘》[③] 中记载了一户水果种植人家的成功，在今天看来也对“产品研发”具有借鉴意义。“樊江陈氏，辟地为果园。树谢橘百株，青不撷，酸不撷，不树上红不撷，不霜不撷，不连蒂剪不撷。”对橘子采摘设定严格的标准，一方面保证了橘子的质量，另一方面也便于统一量化产出。“其所撷，橘皮宽而绽，色黄而深，瓤坚而脆，筋解而脱，味甜而鲜。”在如此高标准

① 张岱. 张岱诗文集［M］. 夏咸淳辑校. 上海：上海古籍出版社，2018：190.

② 张岱. 陶庵梦忆 西湖梦寻［M］. 路伟，郑凌峰点校. 杭州：浙江古籍出版社，2018：126.

③ 张岱. 陶庵梦忆 西湖梦寻［M］. 路伟，郑凌峰点校. 杭州：浙江古籍出版社，2018：76.

的采摘原则下，产出的橘子自然是色香味俱佳，堪称“陈氏严选”。

张岱在《陶庵梦忆·泰安州客店》[①] 一文中，记录了一种高效精准的客栈组织运营模式。“余进香泰山，未至店里许，见驴马槽房二三十间；再近，有戏子寓二十余处；再近，则密户曲房，皆妓女妖冶其中。”酒店周边聚集了驴马槽房、戏子寓所及娼妓曲房，形成相关产业集聚，俨然是一套成熟的“文旅商业综合体”。另外，客店实行规范化、标准化的管理模式。店房三等，“投店者，先至一厅事，上簿挂号，人纳店例银三钱八分，又人纳税山银一钱八分”。客人需要先进行登记入住，根据需求选择服务标准进行缴费。客店同时提供各种表演服务，增加店中的文化氛围：“计其店中，演戏者二十余处，弹唱者不胜计。”训练有素，有条不紊，这种先进的酒店管理模式真是令人惊叹。更加值得称赞的是，这个客店中有二十余所庖厨炊灶，一二百位奔走服务人员，加之每日络绎不绝的客人，管理难度可想而知，但能做到“新旧客房不相袭，荤素庖厨不相混，迎送厮役不相兼”，先进的组织结构及管理模式竟令见多识广的张岱啧啧称奇。

对日常生活的理性审视还体现在他记录的大量江南地区风土习俗之中，其中《陶庵梦忆·二十四桥风月》[②] 便是非常著名的一篇。“二十四桥风月”乍一听充满浪漫情调，然而其真实再现的晚明扬州地区的“红灯区”却是这般模样：“巷口狭而肠曲，寸寸节节，有精房密户，名妓、歪妓杂处之……歪妓多可五六百人，每日傍晚，膏沐熏烧，出巷口，倚徙盘礴于茶

① 张岱. 陶庵梦忆 西湖梦寻［M］. 路伟，郑凌峰点校. 杭州：浙江古籍出版社，2018：67.
② 张岱. 陶庵梦忆 西湖梦寻［M］. 路伟，郑凌峰点校. 杭州：浙江古籍出版社，2018：60.

馆酒肆之前，谓之‘站关’。”底层娼妓生活环境的凄惨恶劣，跃然纸上。出卖色相以谋生存，本身是一种悲剧，然而士人总是津津乐道于娼妓的姿色才艺，对她们真实的生存境遇视若无睹。“或发娇声，唱《擘破玉》等小词，或自相谑浪嘻笑，故作热闹，以乱时候；然笑言哑哑，声中渐带凄楚。夜分不得不去，悄然暗摸如鬼。见老鸨，受饿、受笞俱不可知矣。”如果没有同情的心理和细致的观察，张岱恐怕就如同大部分寻花问柳的登徒浪子一般，视这些可怜的女子为卑贱世俗的玩物，而不会如此具体地知晓她们谋生的艰难，甚至担心她们因没有生意被打骂欺侮。这种真实的记录与还原，未尝不带有一种发人深省的思考。张岱族弟张卓如是风月场的老手，曾炫耀自己出入这些场所的境况：“‘美人数百人，目挑心招，视我如潘安，弟颐指气使，任意拣择。亦必得一当意者呼而侍我。王公大人岂过我哉！’复大噱，余亦大噱。”这恐怕是大部分文人的狎妓心态，即在这里获得王公贵族般的享受待遇，满足自己的肉体欲望和心理虚荣。又有谁会如张岱般同情这些可怜女子的遭遇呢？在《二十四桥风月》一文结尾处，张岱的大笑意味深长，充满了清醒冷峻的无奈。

雅俗共赏　辩证通达

张岱不仅是一位传统士人，更是一位“都市诗人”（周作人语）。簪缨世族给了他优渥的物质条件，以及渊博的学识和高雅的品位，开放的家风与广泛的交游又让培育了他宽怀包容、真情率直的个性。张岱有着“士人”的审美眼光，同时又有“市人”的审美胸襟，这就决定了他对雅俗之辨有着独特认知。与当时以文震亨为代表的传统士人崇雅斥俗不同，张岱对市井百姓是主动亲近的。他不盲目追求所谓雅，反而以一种客观辩证的态度来看待雅俗之分。

在张岱看来，世人皆视之为贱的竹料，经过能工巧匠的加工，可以成为奇物，成为美的艺术："然其技艺之巧，夺天工焉。其竹器，一帚、一刷，竹寸耳，勾勒数刀，价以两计。"①他高度评价技艺精湛的匠人，认为物本身无所谓高贵低贱，而是取决于人对它的态度："天下何物不足以贵人，特人自贱之耳。"② 他拥有一大批主流高雅文化圈层之外的市井好友：品茶高手闵汶水、说书艺人柳敬亭、曲中名妓王月生……这些人不是什么达官显贵或知识精英，而是拥有着精湛技艺与率真个性的普通人。他还热爱参与各种时令节庆活动，纵情感受人潮涌动、摩肩接踵的市井狂欢。总而言之，张岱以敏锐的审美洞察力发现了世俗之人、世俗之事、世俗之物的美，并将其真实地记录了下来。

张岱在《陶庵梦忆》中记录了绍兴过节所放的花灯："绍兴灯景为海内所夸者，无他，竹贱、灯贱、烛贱。贱，故家家可为之。故自庄逵以至穷檐曲巷，无不灯、无不棚者。大街以百计，小巷以十计……鲜妍飘洒，亦足动人。"③ 绍兴花灯的原材料中，竹、灯、烛可以说是最为常见的了，而且普通人家都可以自行制作。经过人的巧妙加工，这些原材料成为装点空间的重要主角，能为节庆活动增添欢乐气氛。前来观灯赏玩的不仅有城市里的居民，还有特意在白天进城的乡村夫妇，他们东穿西走，"钻灯棚"，"走灯桥"，兴高采烈。在这篇文章的

① 张岱. 陶庵梦忆 西湖梦寻［M］. 路伟，郑凌峰点校. 杭州：浙江古籍出版社，2018：16.
② 张岱. 陶庵梦忆 西湖梦寻［M］. 路伟，郑凌峰点校. 杭州：浙江古籍出版社，2018：71.
③ 张岱. 陶庵梦忆 西湖梦寻［M］. 路伟，郑凌峰点校. 杭州：浙江古籍出版社，2018：91.

最后，作者写到蕺山所放的花灯制作材料较为简陋，“用竹棚，多挂纸魁星灯”，于是有不怀好意的人作诗嘲笑：“蕺山灯景实堪夸，葫篆芋头挂夜叉。若问搭彩是何物，手巾脚布神袍纱。”张岱对这种只凭材料贵贱判定雅俗的行为非常反感，认为即使是最简朴粗陋的材料，经过恰当的加工，也可化俗为雅。

张岱重视手工技艺的作用，认为这是由俗入雅、化俗为雅的重要途径。除此之外，他更认为真正的雅在于一种淡然高远、旷达洒脱的“诗意栖居”，在于一种冰雪般纯粹高洁、自由无碍的心灵状态。张岱在《鲁云谷传》中描写了这样一位奇人：

> 云谷居心高旷，凡炎凉势利，举不足以入其胸次。故生平不晓文墨，而有诗意；不解丹青，而有画意；不出市廛，而有山林意。至其结交良友，直是性生，非由矫强。[①]

鲁云谷是民间一位医治皮肤痘病的大夫。在张岱看来，鲁云谷虽不擅长书画，却自有诗情画意；虽居住在市井之中，却如身居山林隐逸淡泊。鲁云谷作为医生，显然不是典型的文人雅士，但凭借其高旷心胸与诗意人格，亦称得上“大雅之人”。

雅与俗之间可以相互转化，世人看来的低俗有时反是高雅，附庸风雅、矫揉造作反而会俗不可耐。《陶庵梦忆·巘花阁》[②] 便记载了一个“一味求雅却落俗套”的反面案例：巘花阁是筠芝亭附近的一处建筑，阁边“层崖古木，高出林皋”，

① 张岱. 张岱诗文集［M］. 夏咸淳辑校. 上海：上海古籍出版社，2018：331.

② 张岱. 陶庵梦忆 西湖梦寻［M］. 路伟，郑凌峰点校. 杭州：浙江古籍出版社，2018：127.

阁下“石拇棱棱，与水相距”。如此古朴清幽的处所，不用再做任何修饰，“不槛、不牖，地不楼、不台，意正不尽也”。但张岱的族人五雪叔从外面游历回来，积累了一肚皮的亭台楼阁营建技术，想找个地方小试牛刀，因此将他认为的所有风雅精致的设计一股脑全堆砌到巘花阁：“台之、亭之、廊之、栈道之，照面楼之侧，又堂之、阁之、梅花缠折旋之”。张岱认为这非但没有起到雅化的效果，反而破坏了原有的美感，若“石窟”“书砚”般，板实局促，俗气无比。

俗可化为雅，雅能变成俗，雅俗之间并无清晰的界限。张岱最为欣赏的是雅俗共赏的生活美学体验。在《陶庵梦忆·西湖七月半》一文中，张岱描述了农历七月十五之时，在西湖边聚集赏月的五类人群及他们的心理动机：

其一，楼船箫鼓，峨冠盛筵，灯火优傒，声光相乱……其一，亦船亦楼，名娃闺秀，携及童娈，笑啼杂之，环坐露台，左右盼望……其一，亦船亦声歌，名妓闲僧，浅斟低唱，弱管轻丝，竹肉相发……其一，不舟不车，不衫不帻，酒醉饭饱，呼群三五，跻入人丛，昭庆、断桥，嚣呼嘈杂，装假醉，唱无腔曲……其一，小船轻幌，净几暖炉，茶铛旋煮，素瓷静递，好友佳人，邀月同坐……①

形形色色的观月之人，抱着各种目的前往西湖：有楼船之上的宴饮聚会，有露台之上的名媛云集，有浅斟低唱的私家曲会，有酩酊大醉的集体狂欢……在这篇文章中，张岱并没有给出具体的雅俗评判，只是客观地进行记录，因为在时令节庆之际，全民的热闹兴奋抹去了俗雅之分的刻意疏离，任何一种快

① 张岱. 张岱诗文集［M］. 夏咸淳辑校. 上海：上海古籍出版社，2018：106.

乐都是真实生动的。当夜深人散后，独卧舟中，悠游于荷塘月色之下，这时的西湖之月才真正属于张岱自己："月色苍凉，东方将白，客方散去。吾辈纵舟，酣睡于十里荷花之中，香气拍人，清梦甚惬。"短短数句之间，一种绚烂喧哗之后归于平淡静谧的美呼之欲出。可俗可雅，雅俗共赏，对张岱来说，"独乐乐"与"众乐乐"只有参与体验的差异而无高雅低俗的差距，两种生活之乐都让人回味无穷。

第三节　审美追求

张岱对日常生活的审美追求，不仅在于身体感官的愉悦，更在于对一种超出了官能体验的“冰雪之气”的推崇，而这种“冰雪之气”，是保养自身、美化心灵的重要因素。同时，他走出了文人书斋，将视野投放到更为广阔的人间百态中，以开放包容的胸襟面对日常生活形形色色的人、事、物、景，并从中获得美的旨趣。奉行“宗子自为宗子”人生信条的张岱，还将日常生活与自己的思想哲学及文艺观念等融会贯通，通过日常生活场域的营建，实现身心的安置，从而完成自我精神世界的构筑。

一、推崇冰雪之气

晚明时期，士人阶层乃至整个社会无不弥漫着追求感官刺激、纵欲享乐的风气，以“体舒神怡”为主要意旨，日常生活中的审美首先往往满足的是个体身体感官的愉悦。如李渔所言：“人生百年，贵在行乐。”[①] 万历之后，商品经济之盛与科举仕途之衰的对比愈发鲜明，士人的精神世界处于一种前所未有的割裂状态，逃避自身责任而沉湎于园林土木、声伎戏曲、古董书画等休闲消遣而不能自拔者不胜枚举。《金瓶梅》等通

① 李渔. 李渔全集［M］. 单锦珩点校. 杭州：浙江古籍出版社，1991：119.

俗世情小说大行其道，也恰恰契合了当时纵欲享乐的大时代背景。日常生活中的衣食住行皆成为实用功利、虚荣攀比的欲望泛滥所在。然而盲目追求感官之乐极易滑入纵欲的深渊，进而走向人生的虚无与荒诞，对个人的身体与心灵都造成极大戕害，这与生活美学的价值追求已经相去甚远。

张岱在《〈一卷冰雪文〉序》中写道："鱼肉之物，见风日则易腐，入冰雪则不败，则冰雪之能寿物也。今年冰雪多，来年谷麦必茂，则冰雪之能生物也。盖人生无不藉此冰雪之气以生，而冰雪之气必待冰雪而有，则四时有几冰雪哉！若吾之所谓冰雪则异是。凡人遇旦昼则风日，而夜气则冰雪也；遇烦躁则风日，而清静则冰雪也；遇市朝则风日，而山林则冰雪也。冰雪之在人，如鱼之于水，龙之于石，日夜沐浴其中，特鱼与龙不之觉耳。"①

在张岱看来，"冰雪之气"是影响万物生、养、鲜、活的重要因素。冰雪由水变化生成，水本身便是生命的源泉，而冰雪之寒冷凝结相较水之柔和流动，更添加了几分远离世俗功利"欲火"熏染的纯粹与坚定。张岱认为，"风日"如同时间中的白昼、空间中的市集及人内心的烦乱浮躁，而"冰雪"则与之相反，为黑夜、为山林、为清心净意。不论人、物还是诗、文，"冰雪之气"始终与炙热浮躁的世俗欲望保持距离，从而呈现出清新脱俗、剔透玲珑的审美样态。正如胡益民先生所言："冰雪之气，就在于能够澡雪人的精神，净化人的心灵，滋养人的身气，催化人的新生。离开了冰雪之气，人将不成为其人。"② 张岱推崇的"冰雪之气"不仅是诗文与人格评

① 张岱. 张岱诗文集［M］. 夏咸淳辑校. 上海：上海古籍出版社，2016：166.
② 胡益民. 张岱评传［M］. 南京：南京大学出版社，2002：279.

判标准，同时也来源于他对日常生活之美的观察与审视。“冰雪”的纯白与清冷，即代表了一种理性、纯粹、鲜活、灵动的生命状态。这种审美追求并不是纯然身体感官的恣意享乐与欲望放纵，而带有清净空灵、超脱绝俗的深度意蕴。如五绝组诗《秋月夜坐》① 中所记载的饮茶活动：

其一

月到晚凉生，悄如浴秋水。
萧疏竹柏阴，藻荇积床几。

其二

缺月挂高梧，秋声来树底。
泠然清一心，携琴棹流水。

其三

夜月到空庭，觳然无伴侣。
盘礴在冰壶，青莲共我语。

其四

煮泉烹雪芽，竟与月同色。
吹气胜伊兰，都从瓯底出。

秋夜月下饮茶，在张岱的笔下充满空灵寂寥、清冷孤寒之感，而这种超凡绝俗的氛围恰是“冰雪之气”的凝结与呈现。再如《雨梅》② 写雨中之梅“梅意自孤危，不肯堕其帻。志气虽勿舒，威仪仍不失”的高士品格；《千叶青莲》③ 写莲花“秋水冰肌出母胎，一枝清艳到妆台”的清丽之姿；《竹月》④

① 张岱. 沈复燦钞本琅嬛文集［M］. 路伟，马涛点校. 杭州：浙江古籍出版社，2016：250.
② 张岱. 沈复燦钞本琅嬛文集［M］. 路伟，马涛点校. 杭州：浙江古籍出版社，2016：37.
③ 张岱. 沈复燦钞本琅嬛文集［M］. 路伟，马涛点校. 杭州：浙江古籍出版社，2016：127.
④ 张岱. 沈复燦钞本琅嬛文集［M］. 路伟、马涛点校. 杭州：浙江古籍出版社，2016：25.

写月下之竹“月态乃委竹，一风与之争。竹本无他意，孤疏风所生”“竹无取媚意，月光觉更闲。秋空恒澹澹，水气相往还”的淡然之境；《山中冬月》① 写深山月色“镞镞团冰气，棱棱储雪情。溪寒流水咽，霜重树枝明”的孤峭幽寒；《素瓷传静夜》② 写夜晚“闭门坐高秋，疏桐见缺月。闲心怜净几，灯光澹于雪。樵青善煮茗，声不到器钵。茶白如山泉，色与瓯无别。诸子寂无言，味香无可说”的冷寂孤清……值得注意的是，张岱这种对“冰雪之气”的审美追求，并不是说远离红尘不食人间烟火，而是要以一种敏感锐利的审美感悟能力，去捕捉万事万物的“冰雪”特质，去时时洞察生活中“美的痕迹”。

这一独特的对“冰雪之气”的审美追求，尤可见于张岱对女性之美的认识之中。晚明时期对女性的审美集中于姿色容貌等外在感官形象，李渔曾说：“妇人妩媚多端，毕竟以色为主。”③ 即使略有才华技艺，也无非为其外在的姿容形象增添砝码：

> 即其初学之时，先有裨益于观者：只须案摊书本，手捏柔毫，坐于绿窗翠箔之下，便是一幅图画。班姬续史之容，谢庭咏雪之态，不过如是，何必睹其题咏，较其工拙，而后有闺秀同房之乐哉？④

在李渔看来，女性读书习字，于其自身之学习用功倒是其次，最重要的还是这一行为给观者带来的视觉审美体验。与之不同的是，张岱所推崇的女性形象，无论是西湖边的独立画家

① 张岱. 张岱诗文集［M］. 夏咸淳辑校. 上海：上海古籍出版社，2018：83.
② 张岱. 沈复燦钞本琅嬛文集［M］. 路伟，马涛点校. 杭州：浙江古籍出版社，2016：24.
③ 李渔. 李渔全集［M］. 单锦珩点校. 杭州：浙江古籍出版社，1991：103.
④ 李渔. 李渔全集［M］. 单锦珩点校. 杭州：浙江古籍出版社，1991：145.

黄媛介，还是爱戏如命的戏曲演员朱楚生，都在自己所从事的书画、戏曲等行业有着深厚造诣；即使是身为青楼女子的王月生，在张岱笔下也是“寒淡如孤梅冷月，含冰傲霜，不喜与俗子交接；或时对面同坐起，若无睹者”①，没有一丝曲意逢迎的媚态，而是以一种超凡脱俗的“冰雪之气”令张岱发出“余唯对之敬畏生”② 的赞叹。“冰雪之气”使她们摆脱了食色感官的欲望纠缠，疏离了轻浮浅薄的世俗偏见，以一种淳朴厚重与空灵通透的“冰雪样态”，卓然独立于欲望横流的万丈红尘之中。

体验人间百态

张岱对生活美学的探索与追求，不只局限于文人的书斋、园林。与文震亨、高濂等文人士大夫对自我生活场域与外界凡俗世界的刻意疏离和分隔不同，张岱面向的是更为广阔丰富的世间万物，诚如他所言：“世间山川、云物、水火、草木、色声、香味，莫不有冰雪之气……”③ 在他看来，人世间的人、事、物、景因有了“冰雪之气”，不再是单调乏味的日常生活的“背景板”，而成为“美”之所在；生活之美也不在于士人的自矜自持与曲高和寡，而在于充满了喜怒哀乐与悲欢离合的人间百态。

在写给袁于令的书信中，张岱认为传奇戏曲的内容之美正在于人们的寻常生活之中：“布帛菽粟中，自有许多滋味，咀嚼不尽。传之永远，愈久愈新，愈淡愈远。”④ 这虽是谈论戏

① 张岱. 陶庵梦忆 西湖梦寻［M］. 路伟，郑凌峰点校. 杭州：浙江古籍出版社，2018：60.
② 张岱. 沈复燦钞本瑯嬛文集［M］. 路伟，马涛点校. 杭州：浙江古籍出版社，2016：51.
③ 张岱. 张岱诗文集［M］. 夏咸淳辑校. 上海：上海古籍出版社，2018：166.
④ 张岱. 张岱诗文集［M］. 夏咸淳辑校. 上海：上海古籍出版社，2018：285.

曲艺术审美，却恰恰从另一方面表明了张岱对“布帛菽粟”日常生活审美价值的重视。在张岱的文字作品中，到处可见他热情地投身于日常生活的身影：热爱旅行，游历范围遍布以越中为核心的江南各地，甚至远赴泰山与东海；酷爱交友，所交之友从贵族显宦到布衣平民，三教九流无所不包；经常参与市井风俗活动……这些生活中普通平常的逸闻趣事，多为正襟危坐的传统士人所不屑一顾，张岱却津津乐道。他以一种开放包容的心态，对人世间的众生百态进行充分的体验感悟。陈平原先生便认为：“就对民俗文化、民间工艺和都市风情等的理解和把握来说，张岱的文章远在许多史书和地方志之上。”①

张岱博闻强识且阅历广泛。他好美食，晚年将祖父编撰的《饔史》考订为《老饕集》；精于品茗，编写了《茶史》；从小体弱多病，研习医理，编纂医书《陶庵肘后方》；所著《夜航船》收录天文、地理、人物、考古、文学、物理、日用及方术等文化常识多达上千条，堪称我国古代博物掌故百科大全；所修明史《石匮书》共二百〇九卷，分本纪、志、表、世家、列传五大部分，其中“志”这部分涉及天文、地理、礼乐、科目、百官、河渠、刑名、兵革、马政、历法、盐法、漕运、艺文等。在张岱现存的著作之中，涉及的“物”有美食方物、文玩古董、宠物灵兽、工艺珍品等庞杂门类。张岱慧眼独具，善于从平凡之物中挖掘其独到之妙处，即使极为凡俗之物，也能在他的笔下焕发出动人的神采。他酷爱啖橘，并煞有介事地作有《戏册穰侯制》：

禹贡之书，蚤称橘柚；楚骚之颂，独著穰橙。嗅之香，食

① 陈平原．“都市诗人”张岱的为人与为文［J］．文史哲，2003（5）：77-86.

之甘，荔枝比美；赤如日，甜如蜜，萍实争奇。江陵千户，既有素封；湘匼三衢，可无徽号……列诸草瓠，香浮新雉；况以木实，味胜来禽。鼎彝自尔知甜，硕果讵能不食？捣齑烧薤，鲈鱼怎配夫金橙；炼月烹天，橘井应邻于银杏。仙掌玉露，降自铜人；方朔蟠桃，来从金母。特遣上林苑从事甘茂，持节册命尔为穰侯。①

此篇游戏文章以行政公文的制式，铺陈橘之形、色、香、味、产地、特性及相关掌故等，以戏谑的笔法展示了自身的"橘癖"，体现出他对人间事物的精微体察与深情热忱。

对人间百态的真情体验，同样还体现在《陶庵梦忆》对普通百姓日常活动的叙写中：记录传统节日民俗的《扬州清明》《虎丘中秋夜》《金山竞渡》等；描摹各地烟火灯会盛况的《世美堂灯》《绍兴灯景》《龙山放灯》《鲁藩烟火》等；展示民间商业文化活动的《西湖香市》《秦淮河房》《泰安州客店》……"摩肩接踵""人山人海""喧闹热烈"是这些群体活动的典型场景画面，张岱极其享受这种熙熙攘攘、热热闹闹的烟火日常。以看戏为例，深谙戏曲之道、精于戏曲赏鉴创作的张岱，十分喜爱民间台阁庙会等公开的戏曲演出，如其《陶庵梦忆·严助庙》一文记载了城乡万民观剧的宏大场面：

十三日，以大船二十艘载盘转，以童崽扮故事，无甚文理，以多为胜。城中及村落人，水逐陆奔，随路兜截转折看之，谓之"看灯头"。且夜夜在庙演剧，梨园必倩越中上三班，或雇自武林者，缠头日数万钱。唱《伯喈》《荆钗》，一老者坐台下，对院本，一字脱落，群起噪之，又开场重做。越

① 张岱. 张岱诗文集［M］. 夏咸淳辑校. 上海：上海古籍出版社，2018：270.

中有“全伯嗜”、“全荆钗”之名，起此。天启三年，余兄弟携南院王岑、老串杨四、徐孟雅、圆社河南张大来辈往观之……剧至半，王岑扮李三娘，杨四扮火工窦老，徐孟雅扮洪一嫂，马小卿十二岁，扮咬脐，串《磨房》《撇池》《送子》《出猎》四出。科诨曲白，妙入筋髓，又复叫绝。遂解维归，戏场气夺，锣不得响，灯不得亮。①

在晚明，观剧看戏并不是士人的案头专享，民间庙会上也常有戏曲演出。百姓们对看戏狂热且认真，演员唱错或者唱得不好都会下不来台，张岱于是兴致勃勃地带着家班前往“挑战”。他对艺术与生活的追求，从来不是封闭自矜与曲高和寡，而是向广阔丰富的人世间敞开胸怀，从中体悟生活之美的真正奥义。

构筑自我精神

万历四十年（1612），十六岁的张岱以浪漫瑰丽的想象和典雅华赡的文笔写下了《南镇祈梦疏》一文，这是迄今我们能看到的张岱最早的文章：

爰自混沌谱中，别开天地；华胥国里，早见春秋。梦两楹，梦赤舄，至人不无；梦蕉鹿，梦轩冕，痴人敢说。惟其无想无因，未尝梦乘车入鼠穴，捣齑啖铁杵；非其先知先觉，何以将得位梦棺器，得财梦秽矢？正在恍惚之交，俨若神明之赐。某也躨跜偃潴，轩翥樊笼，顾影自怜，将谁以告？为人所玩，吾何以堪！一鸣惊人，赤壁鹤耶？局促辕下，南柯蚁耶？得时则驾，渭水熊耶？半榻蘧除，漆园蝶耶？神其诏我，或寝

① 张岱. 陶庵梦忆 西湖梦寻［M］. 路伟，郑凌峰点校. 杭州：浙江古籍出版社，2018：57-58.

或咄；我得先知，何从何去。择此一阳之始，以祈六梦之正。功名志急，欲搔首而问天；祈祷心坚，故举头以抢地。轩辕氏圆梦鼎湖，已知一字而有一验；李卫公上书西岳，可云三问而三不灵。肃此以闻，惟神垂鉴。①

此时，这个十六岁的年轻人已经开始了对人生价值的思考与探索。对未来命运何去何从，他充满了迷惘与疑惑。“我是谁？我应怎样过此一生？”在人生画卷还未展开之时，这样的追问带着淡淡的少年哀愁。数十年过后，张岱为自己的小像题辞，其中写道：“功名邪落空，富贵邪如梦，忠臣邪怕痛，锄头邪怕重，著述二十年耶而仅堪覆瓮，之人邪有用没用？”②“我是谁？我度过了怎样的一生？”在经历了国破家亡的巨变之后，张岱对人生意义的质问只剩下无可奈何与心酸自嘲。然而，张岱对“自我人生意义”命题的探讨始终没有停止：“我”如何在充满变化的人世间，构筑内在人格与精神世界？

张岱在《四书遇》中写道：“颜子博我以文，约我以礼，遂有卓尔之见，全在‘我’字。”③ 深受阳明“良知之学”影响的张岱，对于儒家经典从不以正统主流的朱熹注解为唯一标准，而是将自我人生的经验体悟与圣人之道相互融合碰撞，从而形成对“天理”“心性”基于自我主体的理解与认知。在文艺创作中，张岱也极为重视真实自我个性的抒发与流露。他酷爱同乡前辈徐渭的诗文，曾为其整理诗文集。由于徐渭在晚明越中地区文名甚广，许多人便将张岱的创作视为对徐渭的模仿承袭。张岱反驳道：“余自知地步远甚，其比拟故不得其伦，

① 张岱. 陶庵梦忆 西湖梦寻［M］. 路伟，郑凌峰点校. 杭州：浙江古籍出版社，2018：34.

② 张岱. 张岱诗文集［M］. 夏咸淳辑校. 上海：上海古籍出版社，2018：375.

③ 张岱. 四书遇［M］. 朱宏达校注. 杭州：浙江古籍出版社，2017：157.

即使予果似文长，乃使人曰文长之后复有文长，则又何贵于有宗子也?"① 宗子自为宗子，而非拟附他人之后亦步亦趋。更有甚者将张岱视为徐渭的后身转世，张岱连作《客有言余为徐文长后身者作诗咈之》二十五首予以驳斥，其中写道："吴系余及见，言余师后身。世间可耻事，苏轼认渊明。"② 从天命之道到诗文之道再到日常之道，张岱皆主张遵循"自我良知"的自然生发，强调自我主体与人格个性的主导地位。不论是对"冰雪之气"的推崇，还是对人间百态的体验，张岱所追求的日常生活之审美，都是通过对日常生活人、事、物、景的营建，最终实现自我身心的安置与精神世界的构筑。

《陶庵梦忆》最后一篇名为《嫏嬛福地》，是张岱对自己葬身之地的设想，其间山水丘壑、草石花木及蔬果田园的营建，与张岱理想的生活园林别无二致：

> 陶庵梦有宿因，常梦至一石厂，峆窅岩窱，前有急湍回溪，水落如雪，松石奇古，杂以名花。梦坐其中，童子进茗果。积书满架，开卷视之，多蝌蚪、鸟迹、辟历篆文，梦中读之，似能通其棘涩。
>
> 闲居无事，夜辄梦之，醒后伫思，欲得一胜地仿佛为之。郊外有一小山，石骨棱砺，上多筠篁，偃伏园内。余欲造厂，堂东西向，前后轩之，后磥一石坪，植黄山松数棵，奇石峡之。堂前树娑罗二，资其清樾。左附虚室，坐对山麓，磴磴齿齿，划裂如试剑，扁曰"一丘"。右踞厂阁三间，前临大沼，秋水明瑟，深柳读书，扁曰"一壑"。缘山以北，精舍小房，

① 张岱. 张岱诗文集［M］. 夏咸淳辑校. 上海：上海古籍出版社，2016：206.
② 张岱. 沈复燦钞本瑯嬛文集［M］. 路伟，马涛点校. 杭州：浙江古籍出版社，2016：244.

绌屈蜿蜒，有古木，有层崖，有小涧，有幽篁，节节有致。

山尽有佳穴，造生圹，俟陶庵蜕焉，碑曰“呜呼有明陶庵张长公之圹”。圹左有空地亩许，架一草庵，供佛，供陶庵像，迎僧住之奉香火。

大沼阔十亩许，沼外小河三四折，可纳舟入沼。河两崖皆高阜，可植果木，以橘、以梅、以梨、以枣，枸菊围之。山顶可亭。山之西鄙有腴田二十亩，可秫可秔。门临大河，小楼翼之，可看炉峰、敬亭诸山。楼下门之，扁曰“嫏嬛福地”。缘河北走，有石桥极古朴，上有灌木，可坐、可风、可月。①

“嫏嬛福地”又何尝不是他在经历了人生沧桑之后，对自我终极归处的一种构想？从另一个角度来看，我们以现代学术研究方式析理出张岱生活美学的种种实践观念及范式特征等学理命题，在四百年前的张岱那里却是“完全的一个整体”，他的“天命之理—诗文之理—生活之理”，皆和谐自洽于其对自我身心的安置与保全当中。在充满不确定性乃至“天崩地坼”的晚明时代，个体如何在滚滚红尘中为自我构筑出身心的栖息之地，以及如何保全发展自我主体的精神家园，这便是张岱生活美学的最终意旨与追求。

---

① 张岱. 陶庵梦忆　西湖梦寻［M］. 路伟，郑凌峰点校. 杭州：浙江古籍出版社，2018：134-135. 全书俱作“瑯嬛”，此处作“嫏嬛”，从之。

第七章

张岱生活美学的情感内核

· 「情之呈现」——生活之美的日常书写
· 「情之承载」——亡国之殇的命运喟叹
· 「情之郁结」——家国巨变的历史沉思
· 「情之升华」——自我生命的家园重建

“情”是张岱生活美学中十分重要的思想内核，它不仅呈现在《陶庵梦忆》《西湖梦寻》《瑯嬛文集》对过往人、事、物、景深情热烈的追忆书写中，也承载着经历了国破家亡的张岱难以言说的沉痛。明清鼎革之际的惨烈遭际，点燃了张岱心中悲愤复仇的火焰，而在亲身经历鲁王政权的荒诞与混乱后，这份热望被现实的冰冷严重压抑，成为一种虚无沉郁、矛盾纠结的“郁结之情”。伴随着入清之后日常生活世界的重构，张岱的“郁结之情”渐渐被消解升华，精神世界与心灵家园也因此得以新建，而他对“生活”这一命题也有了更为深刻的体悟。

第一节　“情之呈现”——生活之美的日常书写

在张岱现存的文字作品中，“情”是其中出现频率较高的词语。对张岱而言，“情”是其哲学、文艺思想与生活审美观念中十分重要的命题。“真情真气”“深情痴癖”“一往深情”等皆是“情”的外在呈现，其中“一往深情”甚至出现十余次，让我们不得不引起注意。以下为部分原文出处：

《陶庵梦忆·朱楚生》：“楚生色不甚美，虽绝世佳人，无其风韵。楚楚谡谡，其孤意在眉，其深情在睫，其解意在烟视媚行。性命于戏，下全力为之。……一往深情，摇飏无主……劳心忡忡，终以情死。”①

《古今义烈传·自序》：“负气慷慨，肉视虎狼，冰顾汤镬，余读书至此，为之颊赤耳热，眦裂发指。如羁人寒起，颤栗无措；如病夫酸嚏，泪汗交流。自谓与王处仲之歌‘老骥’而击碎唾壶，苏子美之读《汉书》而满举大白，一往深情，余无多让。”②

《五异人传》：“人无癖不可与交，以其无深情也；人无疵

① 张岱. 陶庵梦忆 西湖梦寻［M］. 路伟，郑凌峰点校. 杭州：浙江古籍出版社，2018：83.
② 张岱. 张岱诗文集［M］. 夏咸淳辑校. 上海：上海古籍出版社，2018：433.

不可与交，以其无真气也。余家瑞阳之癖于钱，髯张之癖于酒，紫渊之癖于气，燕客之癖于土木，伯凝之癖于书史，其一往深情，小则成疵，大则成癖。五人者皆无意于传，而五人之负癖若此，盖亦不得不传之者矣。”①

《曲中妓王月生》：“一往深情可奈何，解人不得多流视……但以佳茗比佳人，自古何人见及此？”②

《西湖三首》：“追想生湖始，何缘得此名。恍逢西子面，大服古人评。冶艳山川合，风姿烟雨生。奈何呼不已，一往有深情。”③

《老饕集序》：“第水辨渑淄，鹅分苍、白，食鸡而知其栖恒半露，啖肉而识其炊有劳薪，一往深情，余何多让？”④

《丁未除夕》：“今年度岁更艰辛，惨淡经营益露贫……子野奈何时在口，谁知一往有深情？”⑤

由此，我们可以看到：就美食、观景、读史、立传、交游等日常事物而言，“一往深情”是张岱十分重要的评价尺度，而《陶庵梦忆》《西湖梦寻》《琅嬛文集》等著作对往日寻常生活的记录，更是充满“一往深情”的怀念与眷恋。正因为有了这浓烈真挚的“一往深情”，无论是饕餮美食、奇人好物，还是名山大川、风景园林，无论是士人阶层的精致雅事，还是普通百姓的日常趣事，皆成为他深情回忆与热情书写的对象。

“一往深情”一词最早出现于南朝刘义庆《世说新语·任

① 张岱. 张岱诗文集［M］. 夏咸淳辑校. 上海：上海古籍出版社，2018：318.
② 张岱. 张岱诗文集［M］. 夏咸淳辑校. 上海：上海古籍出版社，2018：56.
③ 张岱. 张岱诗文集［M］. 夏咸淳辑校. 上海：上海古籍出版社，2018：89.
④ 张岱. 张岱诗文集［M］. 夏咸淳辑校. 上海：上海古籍出版社，2018：171.
⑤ 张岱. 沈复燦钞本琅嬛文集［M］. 路伟，马涛点校. 杭州：浙江古籍出版社，2016：155.

诞》："桓子野每闻清歌，辄唤'奈何'。谢公闻之曰：'子野可谓一往有深情。'"① 这个故事的主人公，便是东晋时有名的将领桓伊，字叔夏，又字子野。公元383年，前秦皇帝苻坚率八十万大军南下攻打东晋。桓伊尽起豫州之兵攻击前秦军队，在淝水一战中战胜前秦军队，巩固了东晋政权。桓伊不仅是一位威震四方的大将军，还精于作曲吹笛，也非常爱听别人唱歌。每当听到优美的歌声，他就会情不自禁地大呼"奈何！奈何！"魏晋名士谢安将桓伊对音乐的这种痴迷喜爱称为"一往有深情"。

如果仅是形容情之程度，那么"深情"便可，又何必"一往"？《说文》中，"往"为会意字，从止从土，意为从此地走向目的地。往者，之也，去也。"一往"，即为"一去"，指一种向心中目的之地不断趋近的状态。因而，相比一般的"深情"，"一往深情"更多了奋不顾身的坚决、不易撼动的坚牢、持之以恒的坚守，可以称得上"情之至"也。比张岱略早的汤显祖在他的《牡丹亭》里同样写到了"一往深情"："情不知所起，一往而深。生者可以死，死可以生，生而不可与死，死而不可复生者，皆非情之至也。"如此"一往深情"甚至可以超越生死的界限，实现永恒与不朽，真可谓情至深处可安身立命矣！这样的"一往深情"并非功利欲望，也无关实用目的，全然一片发自肺腑，充满了纯粹、纯净、纯清的"冰雪之气"的浸润。

张岱的"一往深情"不是脱离于万丈红尘与衣食住行的宗教式的执着枯寂，而是饱含了对生活的深深热爱与眷恋。他

① 刘义庆. 世说新语［M］. 沈海波，黄丹丹注. 北京：中华书局，2017：201.

在《自为墓志铭》中写“少为纨绔子弟，极爱繁华，好精舍，好美婢，好娈童，好鲜衣，好美食，好骏马，好华灯，好烟火，好梨园，好鼓吹，好古董，好花鸟，兼以茶淫橘虐，书蠹诗魔”①，其对日常生活的热爱可见一斑。以《陶庵梦忆》为例，其所回忆记录的生活，不是琐屑庸碌、无聊反复的流水账，而是活生生的、充满趣味与情味的美学世界。在《祁止祥癖》一文中，张岱明确提出了自己对深情真气的高度评价。“人无癖不可与交，以其无深情也；人无疵不可与交，以其无真气也。”② 情深气真则生痴生癖，这样的人才是张岱推崇喜爱之人。在《松化石》一文中，张岱的祖父将一块其貌不扬的石头视为自己的莫逆知己，并为之作铭文：“尔昔鬣而鼓兮，松也；尔今脱而骨兮，石也；尔形可使代兮，贞勿易也；尔视余笑兮，莫余逆也。”③ 石头本是生活中的一件普通之物，而祖父将自己的情愫与志向赋予其中，开辟出一种超越物我界限的艺术与生活相融合的审美空间。在著名的《湖心亭看雪》中，张岱于冰天雪地之中行舟前往西湖，偶遇同道中人：“到亭上，有两人铺毡对坐，一童子烧酒，炉正沸。见余，大喜曰：‘湖中焉得更有此人！’拉余同饮。余强饮三大白而别。”④ 这种乘兴而去、极尽风雅的行动，与魏晋“王子猷雪夜访戴”的故事有异曲同工之妙。天地苍茫之中，得遇志同道合之人，品茶赏雪，其乐无穷。“人生如逆旅，我亦是行人。”人生一世虽漫长孤苦，却因“情”之所在而充满温暖与光亮。当融

① 张岱. 张岱诗文集［M］. 夏咸淳辑校. 上海：上海古籍出版社，2018：341.
② 张岱. 陶庵梦忆 西湖梦寻［M］. 路伟，郑凌峰点校. 杭州：浙江古籍出版社，2018：66.
③ 张岱. 陶庵梦忆 西湖梦寻［M］. 路伟，郑凌峰点校. 杭州：浙江古籍出版社，2018：113.
④ 张岱. 陶庵梦忆 西湖梦寻［M］. 路伟，郑凌峰点校. 杭州：浙江古籍出版社，2018：49.

情于天地万物之间，有情之生活本身便带有浓厚的美学色彩。

在张岱生活的晚明时代，程朱理学的“绝对权威”地位面临挑战，对人性的束缚压抑也有所松动。在阳明心学的影响下，人的正当欲望与情感得到了尊重与肯定：李贽“童心说”、罗汝芳“赤子之心”强调重视人之天生本心；以“三袁”为代表的公安派则以“独抒性灵”为口号；以徐渭、汤显祖、冯梦龙等为代表的一批文人，高扬“本色”“至情”的旗帜，对主流宋明理学中被贬抑的“情”的因素重新挖掘发扬，在明末形成了一股声势浩大的“重情”思潮。张岱尊崇阳明心学，在《四书遇》中高扬“心体良知”的重要性：“吾人住世，一灵往来，半点帮贴不上，所谓戒慎恐惧，亦是这点独体。”[①] 他尤其强调心灵独立自主的特性，认为心灵不受身外之物的制约，是自然本性的张扬，也是真情真气的真实流露。这种不受礼教禁锢矫饰而自然生发的“情”，正是个体生命对人世间穿衣吃饭、生老病死之自然真切的体验和感悟。而张岱强调的“一往深情”，亦可以被看作在晚明“重情”思潮的影响下，他对日常生活的意义价值重新进行的思考。当张岱将“一往深情”的目光投向日常生活中时，那些熟悉的人事物景、喜怒哀乐与悲欢离合，都带上了“审美与艺术的色彩”。生活与审美之间不再疏离隔绝，生活便是美之所在。

① 张岱. 四书遇［M］. 朱宏达校注. 杭州：浙江古籍出版社，2017：19.

第二节 “情之承载”——亡国之殇的命运喟叹

《陶庵梦忆》是张岱晚明生活美学书写最为重要的文本。这部记录明亡之前张岱日常生活的著作，其《自序》作于顺治三年（1646），全书的统一编撰时间亦应不早于此年。甲申年（1644），是张岱人生的重大转折点，也是中国历史上天翻地覆的一年。是年三月，李自成的闯军占领北京，崇祯皇帝于景山自缢；四十余天之后，清军大举入关，定都北京，李自成溃逃出京；五月，南明弘光政权在南京匆忙建立。乙酉年（1645），人心涣散的弘光政权在维持了一年左右后迅速垮台。是年四月，清军攻破扬州，史可法壮烈殉国。五月，南京开城投降，弘光被缚。六月，杭州沦陷。七月，鲁王朱以海正式在绍兴宣告监国，因张岱之父张耀芳曾担任鲁王右长史，张岱得以在家中接驾鲁王。《陶庵梦忆·补遗·鲁王宴》一文中有关于此事的详细记载。值得一提的是，身为弘光朝廷大学士的权奸马士英，先是谋求降清，后又择机观望，图谋归附鲁王。张岱曾上书请求亲自带兵诛杀此贼，未能遂愿。临时拼凑的小朝廷中人人各怀鬼胎，内讧不断，鲁王本人也成为方国安等各路军阀拥兵自重的招牌和工具。九月，张岱拒绝了方国安的

“邀请”，离开鲁王政权，选择归隐山中。丙戌年（1646），绍兴城破。由于曾协助抗清，张岱上了清廷的通缉名单。在官兵的四处追踪之下，张岱先是逃入绍兴西南处越王峥的一个寺庙避难，不久行踪暴露，又不得不继续逃亡到嵊县剡中之西的白山里，而后辗转漂泊，直至丁亥年（1647）才在绍兴项王里暂时安顿下来。①

由此我们可大略推断张岱编撰《陶庵梦忆》时的悲惨遭遇，自序中所言“陶庵国破家亡，无所归止，披发入山，駴駴为野人。故旧见之，如毒药猛兽，愕窒不敢与接”② 应是当时生活状况的真实写照。同年，在写给母亲陶宜人的《讳日告文》中，张岱同样写下了自己与家人在绍兴沦陷后的遭际：

乃至今日举家逃窜，五弟携家入闽，九弟、四弟妇入山避兵火，亦携家去。儿家口星散，儿妇依幼女住项里，诸妾住剡……儿晓冒风露，夜乘月光，扶杖蹑芒，走长林丰草间，或逾峻岭，或走深坑，猿崖虎穴之中有所栖泊，亦不出三日，辄徙其处。幸有高僧义士推食食之，不至饥饿。然皮肉俱削，背露其脊，股出其髀，黧黑如深山野老，知交见之，多有不相识者矣！③

五绝组诗《丙戌避兵剡中山居受用曰勿忘槛车》④ 中也有对此时生活境遇的真实书写。从题目来看，门板床、麻布帐、瓦茶瓶、瓦灯盏、稻草鞋、砂锅盆、地火炉、竹溺器、衲布被……这些可能张岱之前从未听过用过的东西，此时成了与他

① 胡益民．张岱评传［M］．南京：南京大学出版社，2002：355-358.

② 张岱．张岱诗文集［M］．夏咸淳辑校．上海：上海古籍出版社，2018：175.

③ 张岱．沈复燦钞本琅嬛文集［M］．路伟，马涛点校．杭州：浙江古籍出版社，2016：322.

④ 张岱．沈复燦钞本琅嬛文集［M］．路伟，马涛点校．杭州：浙江古籍出版社，2016：237.

朝夕相伴的日用之物。如《衲布被》中写“不学公孙弘，未尝盖布被。面破里不完，著身唯败絮”；《地火炉》中写“掘地为火炉，松柴朝夕爇。有时不著烟，人人将扑跌”；《门板床》中写“禅榜曰面板，今得其三面。久卧不为苦，方知筋骨贱”；《瓦茶瓶》中写“自有开辟来，此瓶真太古。想见出窑时，未变陶家土”……物质上的贫困潦倒只是一方面，经历了国破家亡巨变的张岱，奔亡逃难时的心情是极其复杂沉重的。在《和贫士七首》[①] 的序言中，他写道：“丙戌八月九日，避兵西白山中，风雨凄然，午炊不继，乃和靖节贫士诗七首，寄剡中诸弟子。”张岱有意效仿陶渊明之高节，虽身处困境而不改内心之志：“悄然思故苑，禾黍忽生悲。”身处凄风苦雨中的他深深怀念着故国人民与家园，而《陶庵梦忆》中那些充满温情、感人至深的篇章，也正编撰于此时。

对《陶庵梦忆》的情感主旨，学界曾有一种流行的观点，即“忏悔说”。原因在于张岱在《〈陶庵梦忆〉序》中写道：“遥思往事，忆即书之，持向佛前，一一忏悔。”[②] 20 世纪 30 年代朱剑芒作《〈陶庵梦忆〉考》，即据此认定其主旨是“忏悔”，并称其为“遗民文学中忏悔派的作品”[③]，说张岱“不仅是自己忏悔，实是替乱离后的大众忏悔”。这一观点多被后代学人所接受。因而很多人不仅将《陶庵梦忆》标榜为“东方的忏悔录”，甚至认为《陶庵梦忆》是张岱“作为一个地主少爷在替当时的统治者进行忏悔（黄裳语）”。与“忏悔说”相

① 张岱. 张岱诗文集［M］. 夏咸淳辑校. 上海：上海古籍出版社，2018：25.

② 张岱. 张岱诗文集［M］. 夏咸淳辑校. 上海：上海古籍出版社，2018：175.

③ 朱剑芒. 陶菴梦忆考［M］//张岱. 陶庵梦忆 西湖梦寻［M］. 路伟，郑凌峰点校. 杭州：浙江古籍出版社，2018：153-154.

对的是“性灵说”，形成于20世纪30年代。随着海派标点《瑯嬛文集》的出版，张岱以“性灵派大师”的面目重新出现[①]，《陶庵梦忆》也一变成为追求浪漫个性与小资生活的休闲读物。以上两种观点虽有其合理之处，但是都不能完整准确地概括《陶庵梦忆》的情感主旨。“忏悔”本为佛教用语，后来引申为对曾做错之事感到痛心，决意改正。我们应当注意到在《陶庵梦忆》创作之初，张岱曾避难于越王峥的一处寺庙的背景。此时的“佛前忏悔”并非对自己过往生活的否定，而是一种国破家亡之后的宗教寄托。另外，终身未出仕明廷的张岱，理论上不必为明王朝覆灭承担责任。而从他在《石匮书》中对明亡原因的剖析总结来看，理性的批判反思超过了感性的哀叹忏悔。“性灵说”更是忽略了张岱创作编撰《陶庵梦忆》时的时代背景和生活境遇，对其中所承载的厚重强烈的亡国之情未能充分认识，而仅仅流连于文本的表面书写中。

《陶庵梦忆》中，直接正面书写亡国之情的篇章几乎不见，加之清初文字狱的影响，其亡国之思表述得相当隐晦。但是通过详细阅读，我们总能从只言片语中感受到张岱此时的心境：《钟山》是《陶庵梦忆》开篇之作，原定名为《孝陵》，后来改为《钟山》，其文尾写道“孝陵玉食二百八十二年，今岁清明，乃遂不得一盂麦饭，思之猿咽”[②]。孝陵是明开国皇帝朱元璋的陵寝，明亡之后无人祭拜。作者对此深感痛心，亡国之殇溢于言表。《宁了》一篇乍一看是写豢养的学舌小鸟，然清道光年间王文诰的私家重刻巾箱本中载有这样的内容：“一日夷人买去，秦吉了曰：‘我汉禽，不入夷地。’遂惊死，

① 胡益民．张岱评传［M］．南京：南京大学出版社，2002：226.

② 张岱．陶庵梦忆 西湖梦寻［M］．路伟，郑凌峰点校．杭州：浙江古籍出版社，2018：1.

其灵异酷似之。”① 这一触目惊心的描写必然不为清代统治者所容，故而大部分版本皆删除，然张岱宁折不弯之决心由此可见。《西湖香市》通过杭州西湖香市的兴衰反思了明亡之教训，先写西湖香市的规模盛大、繁华热闹，而后笔锋一转，以一首打油诗作结："山不青山楼不楼，西湖歌舞一时休。暖风吹得死人臭，还把杭州送汴州。”② 明崇祯末期天灾不断，农民起义频发，关外更有清兵虎视眈眈，而大明的官员此时忙于压榨敛财。饥荒动乱之下，曾经的繁华商贸市集早已不再，取而代之的是遍地发臭的尸体。在《越俗扫墓》中，张岱写到清兵南下之后的江南境况："乙酉，方兵划江而守，虽鱼艖菱舠，收拾略尽。坟垅数十里而遥，子孙数人挑鱼肉楮钱，徒步往返之，妇女不得出城者三岁矣。”③ 王雨谦曾就此写下“草角花须，悉为泪溅”的评语，足见其亡国之情的沉痛！

① 张岱. 陶庵梦忆 西湖梦寻［M］. 路伟，郑凌峰点校. 杭州：浙江古籍出版社，2018：63.
② 张岱. 陶庵梦忆 西湖梦寻［M］. 路伟，郑凌峰点校. 杭州：浙江古籍出版社，2018：104.
③ 张岱. 陶庵梦忆 西湖梦寻［M］. 路伟，郑凌峰点校. 杭州：浙江古籍出版社，2018：11.

第三节　“情之郁结”——家国巨变的历史沉思

明清鼎革：“死亡阴影”与“复仇烈焰”

顺治二年（1645）五月，已占领半壁江山的清兵横渡长江，短短数日便攻下南京。由权奸马士英和阮大铖把持的南明弘光朝廷匆匆覆灭，福王朱由崧被擒。紧接着，清军由江阴长驱直入，进兵嘉兴、湖州等地。六月，明宗室潞王朱常淓投降，清兵攻占杭州。南直隶苏、松、常等州，以及浙江杭、嘉、湖、宁、绍等地守令纷纷递上降表。七月，清廷开始在江南地区颁布“薙发令”，要求所有汉人必须依照满人发式，剃头蓄辫，以示对清廷的效忠归顺。这自然引起了当地士民的激烈反抗。“身体发肤，受之父母”，衣冠服饰本身便具有一定的文化属性，而清廷强迫推行的“薙发令”，无疑是极大的人格羞辱和尊严践踏，生存与死亡此时成为读书人面临的最为重要的问题。张岱在他的《和挽歌辞》中写道：“张子自觅死，不受人鬼促。义不帝强秦，微功何足录？出走已无家，安得狸首木？行道或能悲，亲旧敢抚哭……”① 明清鼎革给江南士人

① 张岱. 张岱诗文集［M］. 夏咸淳辑校. 上海：上海古籍出版社，2018：29.

带来的生存境遇之变化堪称“天崩地坼”，而被战争裹挟着的残酷杀戮和腥风血雨，更给他们带来了极大的心灵震撼。张岱所作的《听太常弹琴和诗十首》[①] 流露出的便是他对国破家亡、时局动荡的极大伤痛之情。其七曰：“中原何处是？到面尽腥风。石马嘶荒冢，铜驼泣故宫。星辰沧海北，风雨大江东。默塞无多语，深情老素桐。”其十曰：“击唾不知缺，伤心伏枥歌。青眸夜不合，白发岁偏多。何地何天去，如痴如醉过。蘧蘧守一榻，但梦宋山河。”

张岱曾说：“世乱之后，世间人品心术，历历皆见，如五伦之内无不露出真情，无不现出真面。余谓此是上天降下一块大试金石。”[②] 鼎革之际，“以身殉国，不事二主”是一种传统。在血气尤盛的越中之地，许多闻名当世的文人士大夫选择了舍生取义：张岱好友祁彪佳在杭州沦陷后，凛然拒绝了清廷的征召，留下“幸不辱祖宗，岂为儿女计？含笑入九泉，浩然留天地。”的绝命诗，自沉于寓园水池中；张岱的“古文知己”王思任，拒绝清贝勒多铎的多次“拜访”，闭其门大书“不降”二字，殉节而死；理学大儒刘宗周，绝食多日而亡，死前告诫其子“不应举，不做官”……正如张岱在《越绝诗小序》中所写：

忠臣义士多见于国破家亡之际，如敲石出火，一闪即灭……吾烈皇帝身殉社稷，光焰烛天。天下忠臣烈士闻风起义者，踵顶相籍，譬犹阳燧……某以蜀人住越，得之闻见者二十六人，何况天下之大乎？[③]

① 张岱. 张岱诗文集［M］. 夏咸淳辑校. 上海：上海古籍出版社，2018：98.
② 张岱. 快园道古 琯朗乞巧录［M］. 佘德余，宋文博点校. 杭州：浙江古籍出版社，2016：69.
③ 张岱. 张岱诗文集［M］. 夏咸淳辑校. 上海：上海古籍出版社，2018：183.

自崇祯皇帝于景山自缢殉国，普天之下士大夫、读书人追随效仿者不计其数。张岱在《石匮书后集》中，专门为明清鼎革之际殉国的士人百姓立传，足见对他们的钦佩之情，如《流寇死者列传》《甲申死难列传》《勋戚殉难列传》《乡绅死义列传》《乙酉殉难列传》《江南死义列传》《丙戌殉难列传》……

当这一份份“死亡名单”铺排开来时，一种挥之不去的“死亡阴影”便笼罩心头。尤其是祁彪佳的殉国，让张岱陷入家国巨变的沉重思考中。在给这位挚友生前绝笔所作的《和祁世培绝命词》中，张岱表达了自己对祁彪佳之死的理性态度：

> 臣志欲补天，到手石自碎。麦秀在故宫，见之裂五内。岂无松柏心，岁寒奄忽至。烈女与忠臣，事一不事二。掩袭知不久，而有破竹势。余曾细细思，一死诚不易。太上不辱身，其次不降志。十五年后死，迟早应不异。愿为田子春，臣节亦罔替。但得留发肤，家国总勿计。牵犊入徐无，别自有天地。①

千古艰难唯一死。死诚然是不容易的，然而张岱认为留得一条性命，时日长久或许仍有转圜的余地，应该像西汉田子春对付吕后那样静待时机。即使如此，祁彪佳宁死不降的气节也是张岱极为钦佩的。在《石匮书后集》中，他为祁彪佳留下了最后的“影像”：“有顷，东方渐白，见柳陌下水中石梯，露帻角数寸。急就视，彪佳正襟危坐，水才过额；冠履俨然，须鬓不乱，面有笑容。”② 祁彪佳的从容赴死是无言的抗争，而张岱认为，在死亡之外，或许还有另外一条抗争之路。

---

① 张岱．张岱诗文集［M］．夏咸淳辑校．上海：上海古籍出版社，2018：45.

② 张岱．石匮书后集［M］．北京：中华书局，1959：218.

越中会稽自古便是义烈之士频出之地，王思任即言“吾越乃报仇雪耻之国，非藏垢纳污之区”。张岱在《越绝诗小序》中说：“越人既霸，因有越绝一书，然则越绝者，越之所以不绝也。当绝不绝，越亦尚有人哉！”① 明清鼎革之际，越中是抗清运动颇为激烈的地区之一。张岱在其组诗《越绝诗》中收录了山阴绍兴在明清之交家国巨变之时，坚守“仁、忠、勇、义、厉、侠、烈”等品质的二十六人的真实事迹，其中既有刘宗周、祁彪佳、王思任等知名文人士大夫，也有许多不知名的小人物。他们无惧威逼利诱，以铁骨铮铮的不屈姿态，谱写了一曲曲令人动容的抗争之歌。下例是《越绝诗》唯一收录的女性人物：

章烈妇金氏者，明遗将章钦臣妻也。鲁王遁，钦臣提兵入会稽，屡欲解散，金氏曰：“散兵易，集兵难。鲁王在海上，万一有事，尔不可以不应。”后堕计被擒，夫妇俱获。见镇将，钦臣屈膝卑辞求活，金氏坐地上笑曰：“委虎肉而求生全，有是事乎？若屈膝奚为也？”曳之起。狱成，钦臣罪剐。金氏年少有姿色，曳给幕将。金氏曰：“妾义不受辱，愿从夫。”镇将曰：“痴妮子，剐可儿戏邪？”婉谕再三，金氏不之听。乃命夫妇同剐，以成其名。金氏色喜，趋赴市曹。钦臣先剐，金氏合眼念佛，不忍视。及剐金氏，犹劝其从顺。金氏瞑目呼曰：“剐！”割一刀辄念佛号一句。截其乳，大吼一声而绝。行刑马鞑子者骂曰：“骚淫妇，装憨不肯嫁营头，该万死！”乃支解之，观者皆堕泪亟走……②

① 张岱. 张岱诗文集［M］. 夏咸淳辑校. 上海：上海古籍出版社，2018：183.

② 张岱. 沈复燦钞本琅嬛文集［M］. 路伟，马涛点校. 杭州：浙江古籍出版社，2016：109.

这位没有留下名字的金氏女，坚决不做敌将之妾，以一种极其惨烈的方式被凌迟处死，甚至死后尸体还被肢解羞辱。诡异的是，传闻次日金氏女出现在行刑者家门口，大声质问其暴行，迫使行刑马鞑子“自椎其胸，呕血而亡”。这则惨烈乃至魔幻的奇闻，充分表明了越地人民在面对残酷镇压及生死胁迫时的坚贞不屈，以及反抗之心的坚决炽热。《越绝诗》亦盛赞当时“总师江上”的抗清名将孙嘉绩：“君家五世俱忠贞，国破家亡了此生。一块肉犹存赵氏，千行泪只洒崇祯。出师未捷亡诸葛，灭寇无期死卫青。幸得一抔干净土，首阳山是伯夷茔。”① 张岱在诗中对坚持北伐的蜀汉丞相诸葛亮及西汉名将卫青的召唤，何尝不是其家国巨变之后坚决抵抗的志向与姿态？

强烈的反抗意识，在张岱于易代之际所作的诗文中随处可见，如《和挽歌辞（其三）》中写道：“身虽死泉下，心犹念本朝。目睹两京失，中兴事若何？匈奴尚未灭，魂决不归家。凄凄《蒿里曲》，何如《易水歌》……”② 张岱不愿全然沉溺于亡国之殇中，而是化悲痛为力量，以“壮士一去不复返”的决绝进行着自己的抵抗。在组诗《古乐府》③ 中，他以“荆轲匕”“渐离筑”“博浪锥”“伍孚刃”“赤壁火”“景清刺”“天一砚”等历史上壮义勇烈之士的标志性武器作为题咏。《荆轲匕》一首中便有“易水祖道尽白衣，壮士一去不复归，怒发冲冠空涕洟”之句。

激愤反抗之心如烈火般日夜燃烧，甚至化为梦魇萦绕盘

① 张岱. 沈复燦钞本琅嬛文集［M］. 路伟，马涛点校. 杭州：浙江古籍出版社，2016：105.
② 张岱. 张岱诗文集［M］. 夏咸淳辑校. 上海：上海古籍出版社，2018：29.
③ 张岱. 沈复燦钞本琅嬛文集［M］. 路伟，马涛点校. 杭州：浙江古籍出版社，2016：1.

桓，成为胸中之郁结。作于丁亥年（1647）的《孝陵磨剑歌》，便以一种奇幻瑰丽的笔法，记录了张岱的一次梦境：

狼狈住山隈，守此数茎发。亲属为我危，背言多咄咄。余曰毋为尔，与尔一言诀。自分死殉之，以此不恐喝。七月夜凉生，长空如水阔。奇鬼一族来，狰狞复泼刺。中有騊駼马，昂昂善蹄啮。手持蝌蚪文，云奉孝陵节。促余上骐骝，去如风雨疾。蜂拥无多时，居然见紫阙。上有黄袍人，皇皇向臣说。有言忘其词，闻之但惨裂。蒲伏在阶墀，舂胸且愊咽。诏开武库门，授臣三尺铁。隐隐鹈鹕文，土绣入其骨。诏臣砥砺之，指授殿前碣。臣往试磨硫，石燥水又渴。下手成絪霜，旋抽声纤缭。庭陛何森严，敢言取桔槔。老臣以泪磨，继之以呕血。顷刻去阴翳，光芒起仓卒。拨开千障云，苍凉见日月。捧向帝膝前，剑气白于雪。弹铗付老臣，殷勤赐斧钺。长语与危言，叮咛嘱其别。群鬼整鞭弭，送臣归岩穴。天风夹海涛，马蹄如撒钹。霹雳起床头，恍闻天柱折。管簟汗如浆，伏枕犹战慄。移时魂始定，欲言尚勃吷。君不见昭陵嘶石马，流汗气歕沫。蒋山走泥兵，沾襟露渫泄。老臣总猥羸，岂遂让瓦埒。安得郭汾阳，愿与敌一决。祇谒旧寝园，此心日夜热。①

在孝陵磨剑的奇幻经历，实则是张岱于家国巨变之后，满腔愤恨之情的艺术化“变形”与“隐喻”；而明清鼎革带来的日常生活和精神世界的巨变，使这种悲愤复仇之情如同烈焰般炽热，不断炙烤着张岱的身心与灵魂。

“鲁王监国”：注定失败的抵抗闹剧

乙酉年（1645）闰六月，在南京、杭州等大城市相继被

① 张岱. 沈复燦钞本琅嬛文集［M］. 路伟，马涛点校. 杭州：浙江古籍出版社，2016：30.

清军攻占之后，仓促建立临时政权的福王朱由崧、潞王朱常淓先后被捕。与此同时，浙东地区的抵抗运动如火如荼，急需一位明朝宗室藩王出任监国，作为抗清的旗帜，而明朝宗室郡王中只有流亡在浙江台州的鲁肃王朱以海尚未投降清廷。在多方力量的拥立之下，朱以海于七月初到达绍兴，七月十八日就任监国，以分守台、绍公署为行朝，并改明年为监国元年。张岱之父张耀芳于天启七年（1627）至崇祯四年（1631）担任鲁肃王右长史，张家在绍兴又是世家大族，因此朱以海监国绍兴后，立即临幸张家，声势十分浩大。《陶庵梦忆·补遗·鲁王宴》详细记载了张岱接待“圣驾”的过程：

弘光元年，鲁王迁播至越，以先父相鲁王，幸旧臣第。岱接驾，无所考仪注，以意为之……高厅事尺，设御座，席七重，备山海之供。鲁王至，冠翼善，玄色蟒袍，玉带，朱玉绶。观者杂沓，前后左右，用梯、用台、用凳，环立看之，几不能步……是日演《卖油郎》传奇，内有泥马渡康王，南渡中兴，事巧合，睿颜大喜。二鼓转席，临不二斋，梅花书屋，坐木犹龙，卧岱书榻，剧谈移时。出登席，设二席于御坐傍，命岱与陈洪绶侍饮，谐谑欢笑如平交。睿量弘，已进酒半斗矣，大犀觥一气尽……起驾转席后，又进酒半斗，睿颜微酡，进辇，两书堂官掖之，不能步，岱送至闾外。命书堂官再传旨曰：“爷今日大喜！爷今日喜极！”君臣欢洽脱略至此，真属异数。①

这位从山东一路颠沛流离逃亡到浙江的年轻王爷，一开始似乎仍抱有坚决抵抗的志向，然而真正就任监国之位后，却对

① 张岱. 陶庵梦忆 西湖梦寻［M］. 路伟，郑凌峰点校. 杭州：浙江古籍出版社，2018：136.

张岱家的书房卧榻、奇珍异宝、美酒佳人等更感兴趣。喝得酩酊大醉儿不能行后，他还不忘让下官传话“爷今日大喜”。复明抗清前途渺茫，江南各地战火纷飞，黎民百姓更是生不如死，“喜”从何来？鲁王显然十分满意张岱的这次“接驾”，对张岱也堪称亲密信任。事实上，张岱与鲁王的关系并非一次“接驾”这么简单，鲁王监国政权在绍兴的确立，可以说几乎是由张岱一手促成的。从《上鲁王笺》等史料来看，我们远远低估了明清易代之际，张岱在绍兴的重要影响。如《上鲁王第一笺（闰六月初一日）》中写道：“（乙酉年）六月十八日，各镇逃兵至越借粮，百姓扰嚷。臣登高一呼，应声而集者万有余人，随臣至五云门，四下驱逐，各兵望风远遁，不敢正视越城。”① 在杭州城破潞王政权瓦解之后，江南各镇官兵大败溃逃，四处抢杀劫掠，张岱所在的绍兴亦被波及。生死存亡之际，他以平民布衣的身份挺身而出，一呼万应，使得绍兴幸免于战火。这足见其对当地士民的影响力。

《上鲁王第二笺（七月初九日）》详细记录了张岱与绍兴地方抵抗力量商议斡旋，最终拥立鲁王监国这一历程：

（乙酉年）闰六月初一日，臣遣子斋启入台，遮留主上，勿为虏赚。蒙主上赐臣子宴，赐书召臣到台共事。臣方料理起义，未能即行。此时通判张愫降虏，躐升越守，逼勒剃头，大作威福。臣同事郑遵谦等不胜义愤，于本月十一日奋臂一呼，义徒毕集，杀伪复城。随捧高皇帝圣像，演武场祭旗，发兵划江守汛。臣与郑遵谦议，但以“东海义士”移文郡县。而郑遵谦不听臣说，自称“义兴大将军”。臣曰：“吾辈平平，杀

① 张岱．沈复燦钞本瑯嬛文集［M］．路伟，马涛点校．杭州：浙江古籍出版社，2016：261．

伪官而自署官衔，于理不协。今幸鲁国主近在台垣，何不迎请监国？则吾辈首创起义之人，何患无官衔耶？”遵谦唯唯……臣意不合，十二日即徒步入台，由会稽山出嵊县，崇山峻岭，蹴五进一，胫血缕缕至踵。十八日抵台，蒙主上召臣，至便殿抱头痛哭。赐膳几前，语至夜分。臣劝主上速至江干，亲统六师，躬冒矢石。圣颜大喜……臣于七月初一日命署府事，推官陈达情设御座于府堂，汇集本府文武各官，及乡宦、青衿、耆老、军民人等，当堂开读……初三日，臣即尽鬻家产，招兵三千余人，率领郑遵谦长子懋绳，原任副总兵鲁明杰前来护驾……臣自措囊中，并贷典户，措银一千六百两，与裘尚奭为千日粮。臣即亲往演武场，点名给散，军中莅牲歃血，拜臣为盟主，听臣指使……父老垂涕，欲立祠祀臣，臣坚却之……①

由此可知，鲁王监国政权的建立，张岱是立下了汗马功劳的。他不仅亲赴台州劝鲁王建立监国政权抵抗清军，更是倾尽家财，筹措费用，全力保障监国政权的运作。张岱很快在鲁监国政权中获得了“锦衣卫指挥”的官职。他满怀期待，以为可以大展身手，实现多年未竟的建功立业、经世济民的远大抱负。他主张诛杀卖国求荣、投机观望的权奸马士英。在《上鲁王第三笺（七月廿三日）》中，张岱痛陈了马士英的诸项罪状：

贼臣马士英者，鬼为蓝面，肉是腰刀……当其提兵凤泗也，闯贼犯都，思宗殉难，未尝一旅勤王……其后虏骑渡江也，留都根本重地，高皇帝之陵寝焉。拥兵十万，一日不守，徒收拾辎重，鼠窜狼奔……至于弘光同走，君臣相倚为命，士

① 张岱. 沈复燦钞本瑯嬛文集［M］. 路伟，马涛点校. 杭州：浙江古籍出版社，2016：264.

英犹带兵卫数千人，携及家眷老幼、歌儿舞女辈百余人，金宝珠玉、币帛古玩几百余槓，独不能携带弘光一人一骑。反赚其出京，两不相顾，使其进退无门，卒受虏缚。犬马犹知恋主，士英受国恩如许，宁忍恝然至此哉！[①]

马士英几次三番叛国弃主，为当时正义士人所不齿；杭州失守后，图谋降清却不可得，只能前来绍兴奔赴鲁王，名为“护驾”，实则“投机”，潜伏在绍兴城外的清溪一带观望徘徊。

臣衷怀义愤，素尚侠烈，手握虎臣之椎，腰佩施全之剑。愿吾主上假臣一旅之师，先至清溪，立斩奸佞，生祭弘光，传首天下，敢借天下第一之罪人，以点缀吾主上中兴第一之美政。[②]

张岱甚至决定亲自领兵诛杀此奸恶之臣，然而马士英经营大明官场多年，门生故吏众多，想要真正动他也是阻力重重。这远非一人之力可为，张岱最终只得作罢。如果说诛杀马士英是震慑临时监国政权中的投降投机派，以表明抵抗到底的决心，那么在《上鲁王第四笺（七月廿三日）》[③] 中，张岱所提出的大力发展禁旅重兵、提升军事力量，则表明了他独到的政治眼光：“臣故谓中兴之主欲混一宇，则在于重主权，重主权，则在于一兵之势。”张岱对鲁王同样抱有很大期待：“吾主上必躬冒矢石，督战江干，进则冲锋陷阵，拔寨以前，退则刁斗烽烟，划江以守。”然而张岱的这种期待与热望，没过多久便化为泡影。

---

① 张岱. 沈复燦钞本瑯嬛文集［M］. 路伟，马涛点校. 杭州：浙江古籍出版社，2016：266.
② 张岱. 沈复燦钞本瑯嬛文集［M］. 路伟，马涛点校. 杭州：浙江古籍出版社，2016：266.
③ 张岱. 沈复燦钞本瑯嬛文集［M］. 路伟，马涛点校. 杭州：浙江古籍出版社，2016：269.

张岱以平民布衣身份参与鲁王政权，满怀报国之志，然而纵使他有经世治国之才，也逃不开鲁王政权中其他势力的排挤孤立。两三个月后，张岱便被迫辞职。《上鲁王第五笺（九月初五日）》[①] 中，张岱无奈愤怒地写道：

江东布衣臣张岱谨启，为戆言丛谤，孤立无援，谨辞陛归山，以安愚分事。臣三十不第，绝意仕进，闭门著书。只因北骑长驱，舍身报国，更因臣父曾为鲁相，缘是反楚拒唐，始终为鲁。迎请主上监国，视师江干，录臣微劳，授臣锦衣卫指挥，署掌卫事。但臣初心，起义只思拒敌，无意干荣……近因主上视师江干，诸藩镇以臣曾参奸辅马士英，并请立禁旅重兵居中制外，种种罪状，吹求无已，是尚可一日容臣在上左右耶？

曾经“患难与共”“亲密无间”的君臣，此时已分道扬镳。张岱也逐渐认识到鲁王并非可托之人。相比于抗清复明的艰难大业，鲁王更愿意沉湎于“一国之主”的名衔带来的富贵无极与骄奢淫逸之中。张岱不无讽刺地写道：“美女十人，梨园二十四人，进之者臣，受之者主上也。有此事与无此事，主上胸中了然，随口可答。何模糊承顺，不赐一言昭雪？臣固不足惜酒色声伎，主上亦岂甘为弘光之续邪？”鲁王流连美色声伎，时人曾作诗嘲曰：“鲁国君臣燕雀娱，共言尝胆事全无。越王自爱看歌舞，不信西施肯献吴。”[②] 国破家亡之际，鲁王身为监国之主却将自身所负重任抛于脑后，放纵于美酒美色之间。失望无比的张岱选择归隐剡中，然而，将张家财产视

① 张岱．沈复燦钞本瑯嬛文集［M］．路伟，马涛点校．杭州：浙江古籍出版社，2016：271.

② 邓之诚．清诗纪事初编［M］．上海：上海古籍出版社，2012：48.

为俎上鱼肉的鲁王政权岂能轻易放他归山？不久之后，果然便有其子张镳被方国安绑架以勒索饷银之事。

张岱在《陶庵梦忆·平水梦》中记载了这样一个奇异的梦：

乙酉秋九月，余见时事日非，辞鲁国主，隐居剡中，方磐石遣礼币，聘余出山，商榷军务，檄县官上门敦促。余不得已，于丙戌正月十一日，道北山，逾唐园岭，宿平水韩店。余政疽发于背，痛楚呻吟，倚枕假寐。见青衣持一刺示余，曰："祁彪佳拜！"余惊起，见世培排闼入，白衣冠，余肃入，坐定。余梦中知其已死，曰："世培尽忠报国，为吾辈生色。"世培微笑，遽言曰："宗老此时不埋名屏迹，出山何为耶？"余曰："余欲辅鲁监国恢复中原耳。"因言其如此如此，已有成算。世培笑曰："尔要做，谁许尔做，且强尔出，无他意，十日内有人勒尔助饷。"余曰："方磐石诚心邀余共事，应不我欺。"世培曰："尔自知之矣。天下事至此，已不可为矣。尔试观天象。"拉余起，下阶西南望，见大小星堕落如雨，崩裂有声。世培曰："天数如此，奈何！奈何！宗老，尔速还山！随尔高手，到后来只好下我这着！"起，出门附耳曰："完《石匮书》。"洒然竟去。余但闻犬声如豹，惊寤，汗浴背，门外犬吠嗥嗥，与梦中声接续。蹴儿子起，语之。次日抵家，阅十日，田仰缚镳儿去，即有逼勒助饷之事。忠魂之笃，而灵也如此。①

在这一带有预言性质的梦境中，已故的至交好友祁彪佳提示他，鲁监国及南明政权乃至整个大明气数已尽，继续效忠已

① 张岱. 陶庵梦忆 西湖梦寻［M］. 路伟，郑凌峰点校. 杭州：浙江古籍出版社，2018：139.

经没有任何意义，张岱最好的出路便是归乡隐居，不再出山，与鲁王政权保持距离。祁彪佳是对的，因为整个鲁王政权建立不到一年便从上到下迅速腐化。诸位“在朝君子”不思励精图治、枕戈待旦，反而在弹丸之地过足了皇帝大官的瘾。张岱无不揶揄地说道：

朝为贼盗，暮拜公侯，名器至此，狼藉已甚，冠裳至此，秽杂可羞。今幸而归附者止宁、绍、台三府耳，文武各官缙绅便览已填塞无余。万一天祚我明，再得杭、嘉诸府，更有何官以处夫后来诸君子耶？①

除此之外，鲁王政权卖官鬻爵、搜刮盘剥、横征暴敛、结党营私、宦官乱政、外戚当权……可谓“亡国之事色色皆备”②。当地百姓早已苦不堪言。更令人啼笑皆非的是，抗清运动在鲁王政权君臣的“导演”下，全然变成了自欺欺人的闹剧：

各镇打仗从不上崖，视天晴日朗，浪静波恬，张帆扬旆，箫鼓楼船，量北兵铳弩不及之地，乘风往来，骗隔岸放炮数十，即便收兵，遂获全胜，飞报辕门。一日，方兵上珠桥、范村与敌打仗，我兵八百余人环列沙际，但见冲锋六骑，逢山上驰下，未反里许，我兵奔溃，声似屠猪，惨烈可悯，争先下船堕水死者无数。北骑拍手揶揄，按辔而去。次日以非常大捷申报朝廷，愿赏有差。此臣所目击，不一而止。是以枢部之军功，视作戏场之报捷也。③

① 张岱. 沈复燦钞本琅嬛文集［M］. 路伟，马涛点校. 杭州：浙江古籍出版社，2016：277.
② 张岱. 沈复燦钞本琅嬛文集［M］. 路伟，马涛点校. 杭州：浙江古籍出版社，2016：276.
③ 张岱. 沈复燦钞本琅嬛文集［M］. 路伟，马涛点校. 杭州：浙江古籍出版社，2016：275.

绍兴地区的鲁王政权前后维持不到一年便迅速覆灭。鲁王本人逃亡海上，文武官员“解散者潜逃如鬼，皈诚者乞怜如狗，投死者就屠如猪”①，而张岱的堂弟，被称为“穷极秦始皇”的张萼，却在生命的最后一刻完成了抗争壮举。据《五异人传》记载：

乙酉，江干师起。燕客以策干鲁王，拟授官职。燕客释屩，即思腰玉。主者难之，燕客怒不授职，寻附戚畹，破格得挂印总戎。丙戌，清师入越，燕客遂以死殉。临刑，语仆从曰：“我死，弃我于钱塘江，恨不能裹尸马革，乃得裹鸱夷皮足矣。”后果如其言。②

荒唐任性、暴虐急躁的纨绔子弟张萼，以一种令人意想不到的镇定与坦然抵抗到了最后。死前，他以伍子胥自喻，充满了不甘与无奈。然而为昏聩腐朽的鲁王政权殉葬，又何其不值？张岱在《悼燕客三弟》中不无沉痛地写道：“弟兄苦口不能留，锐意投诚出越州。一跌自应成百碎，万全只道是双收。可怜孰杀群心厌，谁使人言天道酬？顾我独思棠棣好，杖藜掩袂哭荒丘。”③

自甲申之变后，南明诸宗室藩王相继割据建国，然而却都是昙花一现。正如张岱在《石匮书后集·明末五王世家》中总结的那样：

甲申北变之后，诸王迁播，但得居民拥戴，有一成一旅，便意得志满，不知其身为旦夕之人，亦只图身享旦夕之乐。东

① 张岱. 沈复燦钞本琅嬛文集［M］. 路伟，马涛点校. 杭州：浙江古籍出版社，2016：320.
② 张岱. 沈复燦钞本琅嬛文集［M］. 路伟，马涛点校. 杭州：浙江古籍出版社，2016：363.
③ 张岱. 沈复燦钞本琅嬛文集［M］. 路伟，马涛点校. 杭州：浙江古籍出版社，2016：87.

奔西走，暮楚朝秦；见一二文官，便奉为周召，见一二武弁，便依作郭、李。唐王粗知文墨，鲁王薄晓琴书，楚王但知痛哭，永历惟事奔逃。黄道周、瞿式耜辈欲效文文山之连立二王，谁知赵氏一块肉，入手即臭腐糜烂。如此庸碌，欲与之图成，真万万不可得之数也。①

宗室藩王过惯了锦衣玉食的生活，只想着偏安一隅、得过且过。他们毫无坚决抵抗的志向，更没有扶社稷于既倒的才能。张岱满怀期待热望，甚至不惜倾家荡产扶持建立的鲁王政权，从一开始便是注定失败的闹剧。熊熊燃烧的“反抗烈焰”被重重泼上一盆冷水，现实的荒诞与个体的悲哀，在历史大变局面前，显得如此沉重郁结。

王朝末路，“一往深情” 归何处？

大明王朝的轰然倒塌并非一朝一夕，而是沉疴痼疾发作，最终无力回天。早在崇祯中期，张岱便对时局充满了担忧与焦虑。他在《寓山士女游春曲》中写道：“因见处处烽烟急，兵革不到有几邑？幸生吾乡严壑间，况值春明个个闲。我语友人识不识，如此太平岂易得？”② 明朝晚期，农民起义频发，辽东战事危急，国家处于内忧外患、风雨飘摇之中。几次大型自然灾害、瘟疫饥荒更是大大损伤了国家元气。仅张岱生活的山阴绍兴地区，便在崇祯九年（1636）、崇祯十三年（1640）先后爆发了严重的瘟疫与饥荒，饿殍满地，腐尸遍野。正如张岱在《丙子岁大疫祁世培施药救济记之》一诗中所言：“辽东一

① 张岱．石匮书后集［M］．北京：中华书局，1959：49.
② 张岱．沈复燦钞本瑯嬛文集［M］．路伟，马涛点校．杭州：浙江古籍出版社，2016：49.

破如溃痈，强蠡流毒势更凶。民间敲剥成疮痍，神气太泄元气疲。"① 面对日益崩溃的政治局面与社会秩序，朝廷及地方官员对百姓的剥削压榨和敲骨吸髓有增无减。王朝末路，乱象频出，一切似乎都在指向一个无法逆转的结局。

张岱对社会生活变化的敏锐感知，让他在大明覆灭之前已然嗅到了山雨欲来的气息；作为史学家的他，在国破家亡之后，冷峻客观地将自己对明亡历史教训的反思凝结在《石匮书》及《石匮书后集》中。张岱认为明亡不在于崇祯，万历末期便已经埋下了亡国的祸根："神宗（万历皇帝）冲年嗣位，英明果断，有江陵辅之，其治绩不减嘉（靖）、隆（庆），迨二十年后，深居不出，百事丛挫，养成一融酸之疾，又且贪呓无厌，矿税内使四出虐民。譬如养痈，特未溃耳。故戊午前后地裂山崩，人妖天变，史不胜书，盖我明之亡征，已见之万历末季矣！"② 神宗万历皇帝前期在张居正的辅佐下，尚能励精图治，其所推行的改革也初见成效。张居正死后，局面渐渐走向崩坏。"矿税"一出，士农工商苦不堪言。朝廷内部各方势力斗争愈演愈烈，而万历皇帝竟几十年不上朝。至光宗朱常洛，一开始的施政新风让朝野上下看到了扭转局势的契机："撤矿税，发内帑，起直言，勤召对，翻然蹴大寐之天下而使之觉，人且谓之一月之唐虞焉。臣工海甸，方思改头换面，以共济太平，乃竟以一月殂，而我明气数薄矣！"③ 光宗皇帝的暴毙，使大明失去了最后的自救之机。及至熹宗天启年间，宦官魏忠贤当政，党派政治斗争格外残酷，民间百姓生活水深火

① 张岱. 沈复燦钞本琅嬛文集［M］. 路伟，马涛点校. 杭州：浙江古籍出版社，2016：51.
② 张岱. 石匮书［M］//续修四库全书：第 320 册. 上海：上海古籍出版社，2002：192.
③ 张岱. 石匮书［M］//续修四库全书：第 320 册. 上海：上海古籍出版社，2002：197.

热："天启则病在命门，精力既竭，疽发背，旋痈溃毒流，命与俱尽矣。烈宗虽扁鹊哉，其能起必死之症乎……我明天下不亡之崇祯，而实亡之天启；不失之流贼，而实失之（魏）忠贤。"① 到了崇祯年间，大明已经积重难返，气数尽散，纵使再有神仙妙手，也无力回天了。

对于崇祯皇帝，张岱是充满同情的。崇祯与历代骄奢淫逸的亡国之君不同，他兢兢业业，朴素节俭，有着强烈的改变大明颓势的决心："嗟我先帝，焦心求治，旰食宵衣，恭俭辛勤，万几无旷，即比古之中兴令主，无以过之。"崇祯皇帝竭力想挽救危局，扶大厦于将倾，但他性情急躁，反复无常："刻如理财"，"骤如行法"，"用人太骤，杀人太骤，一言合则欲加诸膝，一言不合则欲堕诸渊"。这种朝令夕改直接影响到官员的任用，使得崇祯年间的政局一团乱麻，最终走向崩溃：

如用人一节，黑白屡变，捷如弈棋，求之老成而不得，则用新进；求之科目而不得，则用荐举；求之词林而不得，则用外任；求之朝廷而不得，则用山林；求之荐绅而不得，则用妇寺；求之民俊而不得，则用宗室；求之资格而不得，则用特用；求之文科而不得，则用武举。愈出愈奇，愈趋愈下，以致十七年之天下，三翻四覆，夕改朝更。耳目之前，觉有一番变革，向后思之，讫无一用。②

对于农民起义，张岱也给予了中正客观的评价。如《石匮书后集》对农民军与明军进行了对比描写："明季以来，师无纪律，所过州县，纵兵抢掠，号曰'打粮'，井里为墟，而

① 张岱. 石匮书［M］// 续修四库全书：第 320 册. 上海：上海古籍出版社，2002：208.
② 张岱. 石匮书后集［M］. 北京：中华书局，1959：41.

有司供给军需，督逋赋甚急，敲扑煎熬，民不堪命。至是陷贼，反得安舒，为之歌曰：‘杀牛羊，备酒浆，开了城门迎闯王，闯王来时不纳粮。’由此远近欣附，不复目以为贼。”明军的纪律散漫、到处搜刮与起义军纪律严明、爱民护民形成了鲜明对比。出于时代局限与阶级立场，张岱仍将李自成等起义将领纳入《盗贼列传》，然而从他的记载与评价来看，起义军的精神面貌确实与腐朽没落的明军完全不同：“唐通，白广思，左良玉辈，乳虎鹅鹰，弱肉强食，百姓遂有‘贼过如梳，兵过如篦’之语，故宁可见贼，不愿见兵也”；而李自成军队则“众数十万号百万，驻匝南阳，分兵攻汝宁，陷之，所属州县，多望风纳款。城下，贼毫无犯。自成下令曰：‘杀一人者，如杀吾父；淫一女者，如淫吾母。’得良有司，礼而用之。贪官污吏及豪强富室，籍其家以赏军。人心大悦，风气所至，民无固志……自成抚流亡，通商贾，募民垦田，收其籽粒以饷军。贼令严明，将吏无敢侵略”①。李自成治军严明，对平民秋毫无犯，每到一处即惩治欺压百姓的贪官污吏与豪强富室，并将其财产散给穷人，故而广受百姓欢迎。人们宁可拥戴起义军，也不愿站在明军这边。明末农民起义如火如荼、屡剿不绝，这或许是最重要的原因，即人心向背是决定胜负的关键。

直接导致大明覆亡的主角——崇祯与李自成，在张岱看来都不是明亡最主要的原因。他在《石匮书》中总结道：“我明二百八十二年金瓯无阙之天下，平心论之，实实葬送于朋党诸君子之手。”张岱对明季以来的党争深恶痛绝。纵观晚明万

① 张岱．石匮书后集［M］．北京：中华书局，1959：383.

历、天启、崇祯三朝前后七十余年，庙堂无一日不党争，最终愈演愈烈，误国误民：“烈矣哉，门户之祸国家也。我明之门户，日久日甚。万历之岁有门户科道，天启之岁有门户宦官，崇祯之岁有门户宰相，弘光之岁有门户天子……”明末党争尤以天启朝魏忠贤对东林党人之迫害最为残酷血腥。对忠良之士，阉党“贱之如囚徒”“轻之如狗彘”“扑灭如蚊虻”。内斗就会亡国，亡国也要内斗。直到弘光朝廷及各藩王监国政权，党争依然有过之而无不及，而晚明党争究其根本，仍是个人团体利益及社会资源争夺白热化的体现。正如张岱所说：“朋党诸君子，推其私心，只要官做，则又千方百计装点不要官做，故别其名曰‘门户’，集其人曰‘线索’，传其书曰‘衣钵’，美其号曰‘声气’，窃其名曰‘道学’”；“非门户之人，廉者不廉，介者不介；是门户之人，贪者不贪，酷者不酷，奸者不奸，恶者不恶”。[①] 夹杂着浓重私欲的明末党争，最终走向是非评判标准的崩塌和对责任道义的背弃。就此观之，党争对于明亡有着不可推卸的责任。

党争之外，僵化落后的八股取士也是张岱大力批判的对象：“举子应试，原无大抱负，止以呫哔之学迎合主司。即有大经济、大学问之人，每科之中不无一二，而其余入彀之辈，非日暮穷途、奄奄待尽之辈，则书生文弱、少不更事之人。以之济世利民，安邦定国，则亦奚赖焉?”太祖朱元璋在建国之初，便以程朱理学作为官学。全国读书人皆以此统一思想，更将科举考试视为出人头地的唯一出路，倾家荡产、皓首穷经也在所不惜。八股禁锢了天下读书人的头脑，更消磨了他们的志

① 张岱. 石匮书［M］//续修四库全书：第320册. 上海：上海古籍出版社，2002：661-662.

气："一习八股，则心不得不细，气不得不卑，眼界不得不小，意味不得不酸，形状不得不寒，肚肠不得不腐"，"高皇帝之误人犹小，其所以自误则大矣"，"八股一日不废，则天下一日犹不得太平也"①。以此观之，八股取士与为国选才这一初衷已经相距甚远，这也间接导致了明廷在面对错综复杂的政治经济局面时人才匮乏、应对不力。

张岱反思的明亡教训有着十分深刻的意义，然而处于封建帝制集权气息浓重的明清之际，王朝的开创者与统治者有着自身难以摆脱的阶级与历史局限性，兴盛衰亡的封建王朝历史发展周期律更如同"魔咒"般回环统摄。张岱研读《周易》多年，对《周易》之理有深刻的见地，如"一盛一衰，天运之循环；一损一益，人事之调剂"②，再如"一得一失，转若轴转；一利一弊，信如合券"③。正如荀子"天行有常，不为尧存，不为桀亡"的古老信条，王朝之盛衰更替本身便是天道循环的体现，皆非人力可阻挡。作为优秀散文家与杰出史学家的张岱，其身上既有浪漫炽热的一面，又兼具客观理性的另一面；同时，他深谙《周易》之道，对于王朝更替又有着超出一般视角的深刻理解。然而正是在这种感性与理性、炽热与冷静的颉颃之下，一种困惑矛盾、沉重虚无的"郁结之情"油然而生。国破家亡带来的生死震撼，使张岱的悲愤与反抗之情如火焰般炽烈燃烧；亲身经历了鲁王政权的荒诞腐朽之后，这份热望被现实之寒意迅速打击；古老《周易》中，那冰冷而

① 张岱. 石匮书［M］//续修四库全书：第 320 册. 上海：上海古籍出版社，2002：419-420.

② 张岱. 石匮书［M］//续修四库全书：第 320 册. 上海：上海古籍出版社，2002：88.

③ 张岱. 石匮书［M］//续修四库全书：第 320 册. 上海：上海古籍出版社，2002：231.

决绝的天道循环之规律又时时劝诫着张岱放弃挣扎，接受现实……时代的洪流不断向前奔涌，兴盛衰亡周期律支配下的历史车轮，不会在意被其蹂躏碾压的任何一个个体。身处其中的普通人，在这种强大残酷的“他者”力量掌控面前，又该何去何从？在家国巨变带来的心灵震撼与精神困惑下，这份“郁结之情”又该如何化解？

第四节 “情之升华”——自我生命的家园重建

在明清鼎革这场风云巨变中，张岱几乎失去了他能失去的一切：从甲申年（1644）的天崩地坼、乙酉年（1645）的监国闹剧，到丙戌年（1646）的流亡逃难，在短短三年间，他资财尽失，园林尽毁，曾经无比珍视的三世藏书被方国安的兵火付之一炬，亲朋好友四散凋零乃至天人相隔，抵抗的希望也化为泡影。张岱曾经的生活世界与精神家园彻底崩塌，陷入无序茫然之中，直到丁亥年（1647），当局势渐渐稳定后，张岱才在绍兴城外的项王里安顿下来。正如美国汉学家史景迁所言：“让他活得多姿多彩的明朝，被各种竞逐的残暴、野心、绝望、贪婪的力量所撕裂，土崩瓦解，蒙羞以终……张岱丧失了家园与安逸的生活，书卷与亲朋好友也已四散，如今他后半辈子的任务，就是要重塑、撑起毁坏前的世界。”①

曾经的家园早已不复存在，在《访登子重到故居》② 组诗中，张岱无比惆怅地写下了他重新回到绍兴城内家中的凄凉之景：

① 史景迁．前朝梦忆：张岱的浮华与苍凉［M］．温洽溢，译．桂林：广西师范大学出版社，2010：9.

② 张岱．沈复燦钞本瑯嬛文集［M］．路伟，马涛点校．杭州：浙江古籍出版社，2016：180.

其一

里中曾屡到，不忍看荒庐。
乔木惊新伐，斋名想旧除。
犹思牵幌入，恍忆出门初。
牖下三竿竹，依依尚识余。

其二

少小嬉游地，犹然在梦中。
鹊鸠争故垒，鸡犬认新丰。
门在瑯嬛闭，栖迷栈道通。
茫然阶下立，有泪到梧桐。

饱经战火的家园已一片凄凉，而张岱却还清楚地记得当年离家的情景。故地重回，早已物是人非。与“物理意义”上的家园荒芜相比，“精神意义”上的家园崩圮更令人悲怆。被王雨谦评为“清音傲国”的《和述酒》一诗，真实还原了国破家亡后张岱的复杂心绪：

空山堆落叶，夜壑声不闻。攀条过绝巘，人过荆漭分。行到悬崖下，伫立看飞云。生前一杯酒，未必到荒坟。中夜常堕泪，伏枕听司晨。愤惋从中出，意气不得驯。天宇尽寥阔，谁能容吾身？余生有几日，著书敢不勤？胸抱万古悲，凄凉失所群。易水声变徵，断琴奏《南熏》。竹简书日月，石鼓发奇文。王通抱空策，默塞老河汾。灌圃南山下，愿言解世纷。所之不合宜，自与鱼鸟亲。若说陶弘景，拟我非其伦。[1]

“天宇尽寥阔，谁能容吾身”的感慨和诘问，不仅是流亡

① 张岱.张岱诗文集［M］.夏咸淳辑校.上海：上海古籍出版社，2018：27.

逃难、四处漂泊的无奈，更是一种经历了信念崩塌之后，主体精神世界无穷无尽的幻灭与落寞。何以为家？“家园”不仅是遮风避雨的生活居所，也是心灵的安置与归宿；若失去了锚定人生意义的“心灵家园”，个体便如同沧海上随波逐流的一叶扁舟，随时有倾覆毁灭的风险。在明亡之后张岱所作的《自为墓志铭》中，我们能清楚感到他自我评判的割裂：

蜀人张岱，陶庵其号也。少为纨绔子弟，极爱繁华，好精舍，好美婢，好娈童，好鲜衣，好美食，好骏马，好华灯，好烟火，好梨园，好鼓吹，好古董，好花鸟，兼以茶淫橘虐，书蠹诗魔。劳碌半生，皆成梦幻。年至五十，国破家亡，避迹山居，所存者，破床碎几，折鼎病琴，与残书数帙，缺砚一方而已。布衣蔬食，常至断炊。回首二十年前，真如隔世。常自评之，有七不可解：向以韦布而上拟公侯，今以世家而下同乞丐，如此则贵贱紊矣，不可解一。产不及中人，而欲齐驱金谷，世颇多捷径，而独株守于陵，如此则贫富舛矣，不可解二。以书生而践戎马之场，以将军而翻文章之府，如此则文武错矣，不可解三。上陪玉帝大帝而不谄，下陪悲田院乞儿而不骄，如此则尊卑溷矣，不可解四。弱则唾面而肯自干，强则单骑而能赴敌，如此则宽猛背矣，不可解五。争利夺名，甘居人后，观场游戏，肯让人先，如此缓急谬矣，不可解六。博弈摴蒱，则不知胜负，啜茶尝水，则能辨渑淄，如此则智愚杂矣，不可解七。有此七不可解，自且不解，安望人解？故称之以富贵人可，称之以贫贱人亦可；称之以智慧人可，称之以愚蠢人亦可；称之以强项人可，称之以柔弱人亦可；称之以卞急人可，称之以懒散人亦可。学书不成，学剑不成，学节义不成，学文章不成，学仙、学佛、学农、学圃俱不成，任世人呼之为败家子，为废物，为顽民，为钝秀才，为瞌睡汉，为死老魅也已矣。[①]

晚明士人标新立异，多有生前便给自己写墓志铭的案例，而张岱在这篇给自己写下的墓志铭当中，明确表达了自己在经历家国巨变之后的种种心境。所谓“七不解”，虽名为“不解”，实是“自矜”，而“败家子”“废物”“顽民”“钝秀才”“瞌睡汉”“死老魅”之定位，恰是其在经历了命运巨变之后，对自我人生价值的质疑与解嘲。然而张岱并非一味沉迷虚无困惑之人，他将自己的墓地选址于项里鸡头山，并称“伯鸾高士，冢近要离，余故有取于项里也”[②]，这种行为本身便是一种姿态鲜明的“意义言说”。绍兴城外的项里是秦末项羽曾经活动练兵的地方，张岱对这位“生为人杰，死为鬼雄”的大英雄抱以极大的崇敬之情，在他居住项里时所作的《项王祠二首》中写道：“古今成败事，力到即为名。无楚秦难灭，禽刘项亦成。马留壮士志，草拍美人情。我亦忧秦疟，藏形在越峥。”[③] 张岱好友王雨谦评论此诗道：“才是不以成败论英雄！西楚霸王定当掀髯九原矣！”历史固然有其必然的趋势和发展规律，但是个体在面对这种强大不可抗的命运力量之时，所展现的敢于抗争的勇气和智慧是十分可贵的。张岱对项羽这位“悲情英雄”的推崇，又何尝不是一种自己在面临国破家亡这一无力改变的现状之时自我志向的砥砺与坚守？正如他在《古今义烈传·自序》中写道：“负气慷慨，肉视虎狼，冰顾汤镬，余读书至此，为之颊赤耳热，眦裂发指。如羁人寒起，

① 张岱．张岱诗文集［M］．夏咸淳辑校．上海：上海古籍出版社，2018：341.
② 张岱．张岱诗文集［M］．夏咸淳辑校．上海：上海古籍出版社，2018：242.
③ 张岱．张岱诗文集［M］．夏咸淳辑校．上海：上海古籍出版社，2018：82.

颤栗无措；如病夫酸噎，泪汗交流。”① 古今义烈之士的豪壮勇猛精神对张岱的深刻影响由此可见。对历史人物的品评标准亦不在于成败，而在于不屈服、不妥协的抗争精神，正是这种精神能让人在强大“他者”力量的统摄面前突破重重奴役压迫，获得主体的人格与尊严。

身处于朝代交替的历史大变局中，这种明知无果也要坚持抗争的行为显得格外珍贵，这与张岱一直强调的“石压笋斜出”之精神异曲同工。《四书遇》中便有“石压笋斜出，屈曲委蛇。总不能碍其直性”② 及“君子虽困厄折挫，其道自直，所谓石压笋斜出也”③ 之句；《石匮书后集》也写道：“人畏虎，虎亦畏人，石压笋斜出，其亦奈之何哉？”④ 坚硬的山石凭借自身的力量压抑着竹笋生长，但是竹笋仍从旁斜之处顽强地生长出来。这种不畏压迫、敢于抗争的精神，背后蕴含的是无限强大的主体自我的生命力量。明亡之后，大量士人选择殉国或出家，而更多的朝廷官员、缙绅士大夫却为了自身的利益选择屈膝投降，归顺清廷。当时局渐渐稳定，新生的政权重开科举选拔人才时，张岱的儿子们按捺不住参加科考的心思，企图延续祖上的富贵：“儿辈慕功名，撇我若敝帚。持此一管笔，思入麟凤薮。”⑤ 顺治十一年（1654），张岱的儿子前往杭州参加乡试，张岱作《甲午儿辈赴省试不归走笔招之》《甲午次儿下第归》两诗进行劝诫：“岂有西山裔，还来徒啜哺？”张岱自称大明遗民，对清廷采取疏离抗拒的姿态，他也希望后

① 张岱. 张岱诗文集［M］. 夏咸淳辑校. 上海：上海古籍出版社，2018：432.
② 张岱. 四书遇［M］. 朱宏达校注. 杭州：浙江古籍出版社，2017：149.
③ 张岱. 四书遇［M］. 朱宏达校注. 杭州：浙江古籍出版社，2017：85.
④ 张岱. 石匮书后集［M］. 北京：中华书局，1959：86.
⑤ 张岱. 沈复燦钞本瑯嬛文集［M］. 路伟，马涛点校. 杭州：浙江古籍出版社，2016：51.

辈可以像伯夷、叔齐那样“不食周粟”，哪怕生活再穷困潦倒也不食禄于清廷：“天心或为尔，吾意不忘明。穷困原甘受，佝偻毕此生。”他期待着父子一心，耕读传家，凭借双手的劳作获得生存温饱，享受温情日常。李泽厚先生在《美的历程》中这样评价陶渊明：“不是外在的轩冕荣华、功名学问，而是内在的人格和不委屈以累己的生活，才是正确的人生道路。”①而张岱正如陶渊明一般，在命运的至暗时刻，仍然怀抱着“故园松菊在，对此一开襟”② 的人生期待和精神境界。对他们来说，“生命家园”的修复重建远比世俗功名利禄的追逐更为重要。

入清后的张岱不仅不希望子孙后辈与清廷合作，其本人甚至不是清廷“在编之民”。在《甲午年定图余以无田出籍》③组诗中，张岱描述了被自己开除“户口籍贯”的感受：

其一

今朝会计后，不复是编民。
国破家同丧，身轻气益伸。
怒呼不及我，往役是何人？
世事今如此，微臣敢不贫？

其二

荒朝十载后，犹自作顽民。
家侯匈奴灭，腰同靖节伸。
有星今是客，无籍尚成人。
数亩庐山土，柴桑未是贫。

① 李泽厚．美的历程［M］．北京：生活·读书·新知三联书店，2009：108.
② 张岱．沈复爔钞本琅嬛文集［M］．路伟，马涛点校．杭州：浙江古籍出版社，2016：182.
③ 张岱．沈复爔钞本琅嬛文集［M］．路伟，马涛点校．杭州：浙江古籍出版社，2016：183.

在入清之后的漫长岁月里，张岱无田无编，彻底沦为了一无所有的底层贫农。他在六七十岁的高龄下田劳作，留下了《种鱼》《看蚕》《舂米》《担粪》等描写农事活动的诗作，然而他毕竟不善耕作，屡屡失败，因此常常举家陷入赤贫断炊的局面。如《夏饥祁奕远贷金籴米》一诗，便真实刻画了他身无分文、需要好友资助的拮据情境："赤手支贫已十年，今年夏五更颠连"，"交情不必问新陈，肯到柴门有几人？偏尔能联平仲老，何人肯念子真贫？予期当厄无多寡，惠出空囊见笑频。瓶粟柴桑称暴富，一时自谓葛天民"。[①] 物质生活的短缺和农事劳作的辛苦，并没有使这位老人自嗟自叹，恰恰相反，张岱如东晋陶渊明一般寄情于田园。在《和有会而作》一诗中他写道："乱来家愈乏，老至更长饥。菽麦实所羡，孰敢慕甘肥？未晓舂瓶粟，将寒补衲衣。婢仆褰裳去，妻孥长作悲。彼但悲歧路，讵知世事非！仅稍力耕凿，田间有秉遗。喜此偶延伫，每携明月归。但愿岁时熟，丈人是吾师。"[②] 过去悠闲富贵的公子哥转眼变为田间劳作的老翁，日常生活的天翻地覆充满了戏剧性反差。然而张岱却能从辛苦劳作的田家生活中获得幸福快乐，正如陶渊明在"田园劳动中找到归宿和寄托，在对自然和对农居生活的质朴的爱恋中得到安息"[③]。对"鸡犬桑麻三亩宅，风波湖海一归人"[④] 的田园农家生活日常，张岱依然充满了深情的期盼。

顺治六年（1649），年届花甲的张岱离开了生活两年的项

① 张岱. 沈复燦钞本琅嬛文集［M］. 路伟，马涛点校. 杭州：浙江古籍出版社，2016：95.
② 张岱. 张岱诗文集［M］. 夏咸淳辑校. 上海：上海古籍出版社，2018：28.
③ 李泽厚. 美的历程［M］. 北京：生活·读书·新知三联书店，2009：108.
④ 张岱. 沈复燦钞本琅嬛文集［M］. 路伟，马涛点校. 杭州：浙江古籍出版社，2016：156.

里，重新回到绍兴城中，租住在一个名为“快园”的地方。在《快园记》中，他幽默诙谐地写道：“余常谑友人陆德先曰‘昔人有言，孔子何阙，乃居‘阙里’；兄极臭，而住‘香桥’；弟极苦，而住‘快园’。世间事名不副实，大率类此。”①快园位于龙山之下，曾是绍兴名宦御史大夫韩五云的别业，张岱幼年曾随祖父来此游玩。入清之后，张岱将此地租借下来稍加修缮，一住就是二十多年。园中有一个简陋的书室，张岱题之为“渴旦庐”。“渴旦”，又称“号寒鸟”“求旦鸟”；旦，即“明”，张岱以此为书斋之名极有深意。张岱还作四言古诗《快园十章》②，记载了其晚年在快园生活的片段。

其一

于惟国破，名园如毁。虽则如毁，意沉楚楚。
薄言葺之，诛茅补垒。若曰园也，余讵敢尔！

其二

园亭非昔，尚有山川。山川何有？苍苍渊渊。
烟云灭没，蹬跜蜿蜒。呼之或出，谓有龙焉。

其三

皦皦山月，以园起止。载升载沉，若出其里。
星汉灿烂，若在其底。水白沙明，鱼虾夜起。

其四

有松斯髡，有梅斯刖。昔则蔚苍，今则茁蘖。
龙性难驯，鸾翮易铩。傲骨尚存，忍霜耐雪。

① 张岱．张岱诗文集［M］．夏咸淳辑校．上海：上海古籍出版社，2018：237.
② 张岱．张岱诗文集［M］．夏咸淳辑校．上海：上海古籍出版社，2018：3-6.

其五

维沼有泥，维园有畦。斢泥灌畦，畦蔬则肥。

水深泥薄，始可以渔。旁通小潴，以菱以渠。

其六

厥蔬维何？冬菘夏瓠。味含土膏，气饱风露。

藿食莼羹，以安吾素。曰买菜乎，求益则那。

其七

有何可乐？南面书城。开卷独得，闭户自精。

明窗净几，疏水曲肱。沉沉秋壑，夜半一灯。

其八

伊余怀人，客到则喜。园果园蔬，不出三簋。

何以燕之？雪芽禊水。何以娱之？佛书《心史》。

其九

空山无人，读书深柳。聊用养和，赖此红友。

子美掀髯，浮白在手。博浪一椎，取以下酒。

其十

身无长物，惟有琴书。再则瓶粟，再则败袽。

意偶不属，纳屦去矣。敢以吾爱，而曰吾庐。

快园不同于张岱及其家族在明亡之前营构的任意一处园林，没有精巧绝伦的陈列与鬼斧神工的造景，全然不事雕琢。在褪去了浮华靡丽的外在装饰后，快园蕴含了饱经沧桑的张岱对人间生活的深刻体悟，其中山水、花木、园畦、书室等无一不凝结着一种厚重古朴又卓然独立的气韵，这恰恰是明亡入清之后张岱精神的真实写照。居于快园，虽然物质生活依然困顿贫乏，但是张岱的精神是富足充盈的，也正是在此期间，张岱完成了《石匮书》《陶庵梦忆》《西湖梦寻》《瑯嬛文集》《快园道古》等大量著作的编撰。在《快园杂咏》中，他还描写了这样一个富有生活气息的午后："径草绵芊与户齐，门前沟水亦成溪。密栽杨柳充帘箔，多植芭蕉供赫蹄。失队分明为懒鸽，补更毕竟是荒鸡。老人惭愧途闲坐，读罢残编日又西。"①老人对园中小草小溪、杨柳芭蕉、懒鸽荒鸡等物象的观察可谓细致入微，在其笔下，快园充满了盎然意趣和生机活力。

晚年的张岱依然不改对山水的热爱。在儿子张鉽答应为他建造一条小船后，老人欣喜万分地幻想着自己泛舟出游的情境。在《鉽儿许造一小划船徜徉于千岩万壑之间为老人终焉之计先以志喜》② 一诗中，他这样写道：

其一

幸生岩壑地，寸寸是名园。
傍树方收缆，逢山便对门。
水明不得夜，障列即为垣。
到处皆堪宿，乡城不必论。

其二

轻帆风正急，顷刻到山南。
精篡止需一，良朋不过三。
便沽村落酒，笑听野人谈。
归路无他事，惟余一枕酣。

其三

静载琴书去，幽深是六陵。

① 张岱. 沈复燦钞本瑯嬛文集［M］. 路伟，马涛点校. 杭州：浙江古籍出版社，2016：135.
② 张岱. 沈复燦钞本瑯嬛文集［M］. 路伟，马涛点校. 杭州：浙江古籍出版社，2016：184.

白莲砦下藕，红水独山菱。
冰雪诗文骨，空明禅乘灯。
薄言供晚酌，船尾挂鱼罾。

我们仿佛又看到了数十年前，《陶庵梦忆·庞公池》中记载的那个独自在深夜泛舟听曲而遗忘了时间的深情少年。虽经历了天崩地拆般的人生巨变，张岱依然执着地在万丈红尘中寻觅着只属于自己的片刻诗意与深情浪漫，日常生活的美学意蕴在命运与时空的张力下凸显出独特意义。正是在这朴素的日常生活之中，张岱心中的悲怆与伤痛、愤怒与不甘渐渐被消解融化，主体的精神家园伴随着日常生活世界的重建也渐渐恢复秩序，而这一“大破大立”的过程也意味着自我心灵的洗礼与升华。在《丙午七十初度》中，年届七十的张岱写下了“国亡家破方成我，鬓少心存尚是人”① 的诗句。在经历了“生命家园”崩塌与重建之后，张岱对“自我”有了更为深刻的认知与体悟。这一年的除夕，他又一次登上了龙山：“岁除无事愈匆匆，旁晚携灯上卧龙。万灶烟暮如积雪，千岩返照类残虹。家家爆竹声相续，处处粐盆光自通。老妾候门迟予至，炉中商陆火通红。”② 早已不是那个在龙山上饮酒放灯、滑雪唱曲的年轻人了，几十年的沧海桑田与人间浮沉，让张岱倍加珍惜除夕龙山脚下绍兴城的安宁与热闹。平凡的人间生活，本身就是一种珍贵的“美”。

① 张岱. 沈复燦钞本琅嬛文集［M］. 路伟，马涛点校. 杭州：浙江古籍出版社，2016：146.
② 张岱. 沈复燦钞本琅嬛文集［M］. 路伟，马涛点校. 杭州：浙江古籍出版社，2016：142.

第八章

张岱生活美学的精神意义

·存在的确证——《石匮书》和《陶庵梦忆》的一体两面

·心灵的救赎——「梦忆」与「梦寻」的解脱路径

·时空的超越——方寸日常中的天地境界

经历了国破家亡、人生巨变的张岱，对明亡之前日常生活的回忆书写，其潜在意蕴已经超越了对日常生活场域的审美化再现，而具有文化精神层面的深度意义。首先，张岱作为史学家，其毕生心血《石匮书》的修撰为有明一朝留下“存在的确证”，而《陶庵梦忆》中那些对普通人平凡生活的深情刻画，也是一种以微观视角切入的“另类修史”，二者都融入了张岱对家国人民的“一往深情”；其次，张岱以“梦境”的方式进行过往欢乐日常的追忆复现，是他对现实悲剧人生的暂时逃避，以此获得心灵的栖息与慰藉；最后，张岱以一种超越了贫富贵贱和兴衰荣辱的释然，去经营自己日常生活中的方寸天地，而日常生活在线性历史的维度中凝结升华，成为一种超越了时空的永恒不朽的美。

第一节　存在的确证
——《石匮书》和《陶庵梦忆》的一体两面

明清易代带来的剧烈社会动荡，让张岱这样的传统文人士大夫面临着艰难的生死抉择。张岱曾写道：“世乱之后，世间人品心术历历皆见，余谓此是上天降下一块大试金石。”[①] 命运的沧桑巨变是人性的试金石，而在遭遇了“亡国乃至亡天下”的惨痛经历之后，杀身成仁、舍生取义是当时许多士人最终的结局。生存还是死亡，这是一个涉及尊严与名节的问题。史可法坚守扬州后壮烈牺牲，被广为称颂；而苟活下来又出仕清廷者如钱谦益，则饱受后人争议。张岱也曾想过自决，“然余之不死，非不能死也；以死而为无益之死，故不死也”[②]。张岱认为，轻易赴死，死而无意义，在死前应该实现自身价值。因此，在修撰《石匮书》宏愿的支撑下，他选择苟活。《梦忆序》中写道：“作自挽诗，每欲引决。因《石匮书》未成，尚视息人世”[③]；《和挽歌辞三首》中写道：“千秋

① 张岱. 快园道古　琯朗乞巧录［M］. 佘德余，宋文博点校. 杭州：浙江古籍出版社，2016：69.
② 张岱. 石匮书［M］//续修四库全书：第320册. 上海：上海古籍出版社，2002：50.
③ 张岱. 张岱诗文集［M］. 夏咸淳辑校. 上海：上海古籍出版社，2018：175.

万岁后，岂遂无荣辱。但恨《石匮书》，此身修不足”①；《避兵越王峥留谢远明上人》中写道：“再订《石匮书》，留此龙门笔”② ……可见，在明亡之后，《石匮书》的编撰是他选择继续生存下去的主要动力。

《石匮书》及《石匮书后集》是张岱一生的心血所在。这部张岱私家编撰的明史，耗去了他前后四十余年的时间，即使在丙戌年（1646）逃亡山中那些艰难的岁月里，他随身的箱箧中也装有《石匮书》的书稿。在入清之后，他更是冒着抄家灭族的风险完成了全书的修著。《石匮书》的编撰源于张岱对当时明史修撰的不满：“有明一代，国史失诬，家史失谀，野史失臆，故以二百八十二年总成一诬妄之世界。”③ 现有史书无法客观真实地成为大明王朝的“存在确证”，而明清鼎革之际的波澜壮阔则更需要被后人铭记，正如张岱在《石匮书后集》中所言：“余读《离骚》《山鬼》《国殇》与《云中君》，河伯、洛神同列《九歌》，彼诚见豪人烈士，战死沙场，无定河边之骨，真与草木同香，而古战场之血，化为马燐，其光焰尚在也。”④ 与《陶庵梦忆》《西湖梦寻》等笔记洒脱自由的书写方式不同，《石匮书》的编撰极其严谨认真：“事必求真，语必务确，五易其稿，九正其讹，稍有未核，宁阙勿书。”⑤《石匮书》上起洪武，下至天启，《石匮书后集》又将崇祯时代及之后反清复明的抗争过程收入其中，全书多达二百八十四卷，共计数百万字，堪称有明之一代私家史书的“皇

① 张岱. 张岱诗文集［M］. 夏咸淳辑校. 上海：上海古籍出版社，2018：29.
② 张岱. 张岱诗文集［M］. 夏咸淳辑校. 上海：上海古籍出版社，2018：43.
③ 张岱. 张岱诗文集［M］. 夏咸淳辑校. 上海：上海古籍出版社，2018：165.
④ 张岱. 石匮书后集［M］. 北京：中华书局，1959：123-124.
⑤ 张岱. 张岱诗文集［M］. 夏咸淳辑校. 上海：上海古籍出版社，2018：165.

皇巨著”。

张岱的家族素有修撰史书的传统，其曾祖张元忭、祖父张汝霖皆是当时著名的史学家。在家族传统的深刻影响下，张岱自幼承袭家学渊源，长于修史立传，二三十岁时便编撰了八卷本《古今义烈传》，收录了自西周至金元的忠义节烈之人，意在刺恶扬善，匡正世风。之后，他修撰了《会稽县志》《张氏家谱》《史阙》等，直至八十岁高龄之时还参与编撰了十八卷本《三不朽图赞》，收录越地立德立功立言之人百余人。他深知历史褒刺对世道人心的作用，在此背景之下，立志成为时代记录者的张岱，在明清鼎革之际对于晚明日常生活的书写记录，便有了更为深刻厚重的内涵。如果说《石匮书》《三不朽图赞》是一种宏大叙事下对家国命运理性而冷静的客观记录，那么《陶庵梦忆》以回忆录的方式进行的晚明日常生活片段的书写，又何尝不是一种“述往事，知来者”的另类修史？这部凝结了张岱“一往深情”的回忆录，从微观个体的视角切入，真实而鲜活地对晚明生活日常进行细腻真实的描摹，又何尝不是对过往存在的一种确证？可以说《石匮书》与《陶庵梦忆》这两部文体风格截然不同的著作，构成了张岱“一往深情”思想内核的“一体两面”。

张岱在《陶庵梦忆·扬州清明》一文结尾写道：“南宋张择端作《清明上河图》，追摹汴京景物，有西方美人之思，而余目盱盱，能无梦想！”① 张岱将自己创作《陶庵梦忆》的经历类比为张择端之绘制《清明上河图》，二者都在为普通百姓的生活留痕。张岱在《陶庵梦忆》中的“一往深情”，不仅是

① 张岱. 陶庵梦忆 西湖梦寻［M］. 路伟，郑凌峰点校. 杭州：浙江古籍出版社，2018：80.

书中所呈现的他对生活之美的享受与热爱，更承载了他遭遇国破家亡的巨大命运变故之后难以言说的悲痛；书中那些对过往日常衣食住行之事不厌其烦的铺陈，对市井民众节庆狂欢不遗余力的渲染，以及对已经逝去的人、事、物、景一而再再而三的回忆追寻，实则蕴含了无限热烈而深刻的怀念。正是怀着这种眷恋与不舍，他“一往深情”地书写着故国人民的日常生活，为他们留下最为生动感人的剪影。这与太史公司马迁发愤著书、撰写《史记》的伟大精神何其相似！张岱的好友王雨谦将他与太史公相提并论，虽有夸大之嫌，但也可见张岱几十年如一日坚持修史的精神对其周围朋友的感染和影响。《彭天锡串戏》一篇写到演技精湛且擅长演反派的奇人彭天锡，张岱认为他之所以能演得好，是因为“一肚皮书史，一肚皮山川，一肚皮机械，一肚皮磊砢不平之气，无地发泄，特于是发泄之耳”①。戏曲演员彭天锡通过戏剧表演直抒胸中之志，张岱则通过修史著书来实现这一目的，二者可以说是殊途同归。

《彭天锡串戏》中还写道：“余尝见一出好戏，恨不得法锦包裹，传之不朽；尝比之天上一夜好月，与得火候一杯好茶，只可供一刻受用，其实珍惜之不尽也。”② 张岱对世间万物的珍惜之情由此可见。为了实现心中对“不朽”的追求，张岱真实地书写记录着昔日生活的点滴并使之流传后世。著名汉学家宇文所安在《追忆：古典文学中的往事再现》一书中，认为《陶庵梦忆》中有一种“为了被回忆”的期待，即“对

① 张岱. 陶庵梦忆 西湖梦寻［M］. 路伟，郑凌峰点校. 杭州：浙江古籍出版社，2018：88.
② 张岱. 陶庵梦忆 西湖梦寻［M］. 路伟，郑凌峰点校. 杭州：浙江古籍出版社，2018：88.

个人的历史以及如何把它流传到后世的惦念”①。这种对于“不朽”的追求是推动着传统文人士大夫不断前进的内在动力，更是危难之时砥砺自身绝不放弃的精神支撑。有着鲜明著史立场的张岱，于明亡之后在《陶庵梦忆》中对明亡之前日常生活的书写与记录，早已超越了其基本的生存需求，而带有一种近似于“崇高感”的审美意蕴。明清易代之际，面对国破家亡给个体带来的巨大威胁与生存冲击，在沉痛现实与精神压抑的反复折磨之下，曾是富贵闲人的张岱以超出自身经验局限的理性与勇气进行抗争。这种带有家国深情“崇高”之美的文化意蕴，不仅体现在《石匮书》理性冷静的历史叙述中，也隐藏于《陶庵梦忆》对日常生活的深情书写与复现中。

① 宇文所安．追忆：中国古典文学中的往事再现［M］．郑学勤，译．北京：生活·读书·新知三联书店，2014：170.

第二节　心灵的救赎——“梦忆”与“梦寻”的解脱路径

《陶庵梦忆》在早年的流传版本中名为《梦忆》，“陶庵”二字为后人所加。张岱在《梦忆序》中曾写道：“繁华靡丽，过眼皆空，五十年来，总成一梦。”①《陶庵梦忆》中书写的富足闲适的日常生活，与张岱编撰此书时的窘迫贫困形成鲜明的对比。明清易代之际，命运无常与世事沧桑让人极易产生如梦之感。《梦忆序》中记有两个关于“梦”的故事，颇值得玩味：昔有西陵脚夫为人担酒，失足破其瓮，念无所偿，痴坐伫想曰：“得是梦便好！”一寒士乡试中试，方赴鹿鸣宴，恍然犹意非真，自啮其臂曰：“莫是梦否？”人在境遇不顺之时希望是在梦中，在得意顺利之时又唯恐是在梦中。梦既是现实困境的逃避，又是现实愿望的承载，《陶庵梦忆》及之后的《西湖梦寻》皆以“梦”冠名，可谓别有深意。张岱晚年号蝶庵，又号蝶叟，显然取自“庄周梦蝶”的典故。遭遇命运巨变的他前五十年的浮华人生如梦一场，因而以蝶自喻。这也正说明其人生中现实与梦境难分难解，反复纠结之思自是不言而喻的。

《陶庵梦忆》全八卷没有明确的时空逻辑和因果次序，写

① 张岱．张岱诗文集［M］．夏咸淳辑校．上海：上海古籍出版社，2018：175．

人、写事、写物、写景交叉出现，呈现跳跃松散、零碎片段的特点，全书更没有明确的主线，仿佛梦境一般。而阅读整本书如同跟随作者一同入梦，梦境中的生活是审美化、艺术化的，与现实有一定的疏离区分。正如《梦忆序》中张岱所讲的书写方式：“偶拈一则，如游旧径，如见故人，城郭人民，翻用自喜，真所谓痴人前不得说梦矣。”张岱把自己称为痴人，将《梦忆》的写作称为“痴人说梦”。张岱所讲的痴，乃是情深至极的一种体现。正因为有了对过去生活的“一往深情”，才会恋恋不舍，成痴入梦，期待在梦中与之重逢，并且梦醒之后还要继续追忆。值得一提的是，后世《红楼梦》的作者曹雪芹在同样经历了家族的没落衰亡之后，写下“满纸荒唐言，一把辛酸泪。都云作者痴，谁解其中味”的创作体悟。“痴人说梦”的书写体验，正体现了作者希望通过“梦境再现”，与现实的悲剧人生暂时疏离，以寻求精神解脱与心灵安置。

曹雪芹《红楼梦》与张岱《陶庵梦忆》的相似并非巧合，不是只有晚明的张岱以“梦”为名进行日常生活回忆书写。宋代成书于靖康之难后的孟元老的《东京梦华录》，追述了由崇宁到宣和年间北宋都城东京开封府的繁华熙盛：“太平日久，人物繁阜。举目则青楼画阁，绣户珠帘。雕车竞驻于天街，宝马争驰于御路。八荒争凑，万国咸通，集四海之珍奇，会寰区之异味。”[①] 靖康之难堪称中原王朝的奇耻大辱。随着徽钦二帝被掳往北方，北宋宣告终结。大批臣民仓皇南渡，颠沛流离的流亡生活，唤起了他们对曾经富庶繁华的汴京生活的深刻怀念，孟元老怀着对往昔生活的无限眷念和对现实遭遇的

① 孟元老. 东京梦华录笺注［M］. 伊永文笺注. 北京：中华书局，2006：1.

无限伤感创作了此书。《梦粱录》则为吴自牧在南宋末年所著，书中描绘了南宋都城临安的城市风貌。《梦粱录·原序》曾写道："昔人卧一炊顷，而平生事业扬历皆遍，及觉，则依然故吾，始知其为梦也，因谓之黄粱梦……缅怀往事，殆犹梦也，名曰《梦粱录》。"① 这两本书如《陶庵梦忆》《西湖梦寻》般，都成书于改朝换代之际，也都不约而同地以"梦"作为书名，正如周作人所说："人多有逃现世之倾向，觉得只有梦想或是回忆是最甜美的世界。"② "梦境"是一种人生补偿，亦是一种现实的逃避。那些回忆中反复再现的日常生活，在"梦"的加工修饰下，从现实的束缚中解脱出来，带有鲜明的美学色彩。现实之惨况与往日之盛景形成鲜明对比，孟元老、吴自牧、张岱和曹雪芹都选择以"入梦"的方式，深情恣意地对过往的快乐人生进行回忆书写；"梦"中的那些平凡生活点滴，也使他们经历了凄风苦雨的心灵获得短暂的光明和温暖。

甲申之变后，张岱的人生发生天翻地覆的变化。最打击他的，是原来相从甚密的好友在这改朝换代的人间乱世之中纷纷遭遇不测。被张岱称为"年祖"，与张氏家族交往甚密的著名士人王思任在绍兴城破后，义不降清，殉节而死；"古文知己"陈函辉护送鲁王至舟山之后，入云峰山中自尽；至交好友祁彪佳在清兵攻占杭州后，不受清廷招降沉水自尽；那位令张岱念念不忘的风尘奇女子王月生，清初余怀所写的《板桥杂记》记载了她的惨烈结局："崇祯十五年五月，大盗张献忠破庐州府，香君被擒，搜其家，得月，留营中，宠压一寨。偶

① 吴自牧．梦粱录［M］．杭州：浙江人民出版社，1984.

② 张岱．陶庵梦忆 西湖梦寻［M］．路伟，郑凌峰点校．杭州：浙江古籍出版社，2018：149.

以事忤献忠，断其头，函置于盘，以享群贼”①；张岱的二叔张联芳在《陶庵梦忆》中以古董收藏家与幽默“段子手”的形象出场，然而在乙酉年（1645）年带兵镇守淮安之时，积劳成疾，客死他乡；著名书画家陈洪绶常与张岱作画饮酒，玩乐嬉闹，绍兴城破后在云门寺出家为僧……乱世之中，人如草芥，曾经相与交好、共享生活的知己好友或殉国，或惨死，或遁入空门，人生之悲凉莫过于此。而这仅仅是个缩影，《陶庵梦忆》《西湖梦寻》中所记载的那些富庶丰饶、繁华熙攘的江南之城，也在战火中遭遇灭顶之灾。以扬州为例：

扬州清明日，城中男女毕出……是日四方流离及徽商西贾、曲中名妓，一切好事之徒，无不咸集。长塘丰草，走马放鹰；高阜平冈，斗鸡蹴踘；茂林清樾，擘阮弹筝。浪子相扑，童稚纸鸢，老僧因果，瞽者说书，立者林林，蹲者蛰蛰。日暮霞生，车马纷沓。宦门淑秀，车幕尽开，婢媵倦归，山花斜插，臻臻簇簇，夺门而入。②

这是甲申国变之前的扬州城，人山人海，喧闹繁盛。然而在乙酉年（1645）四月，这幅明丽的画卷被彻底撕碎。清军攻破扬州之后，进行了长达十日的杀戮。亲身经历这一惨案的扬州人王秀楚在《扬州十日记》中，描写了屠杀过后如同人间地狱的扬州城：

查焚尸簿载其数，前后约计八十万余，其落井投河，闭户自焚，及深入自经者不与焉。……初四日，天始霁，道路积尸

① 余怀. 板桥杂记［M］//张潮. 虞初新志. 合肥：黄山书社，2021：359.

② 张岱. 陶庵梦忆 西湖梦寻［M］. 路伟，郑凌峰点校. 杭州：浙江古籍出版社，2018：80.

既经积雨暴涨，而青皮如蒙鼓，血肉内渍，秽臭逼人，复经日炙，其气愈甚，前后左右，处处焚灼，室中氤氲，结成如雾，腥闻百里。盖此百万生灵，一朝横死，虽天地鬼神，不能不为之愁惨也！①

这段记载可谓触目惊心。张岱在《陶庵梦忆》中记载的清明时节游玩踏青的鲜活生命，此时可能已经化为累累白骨和缕缕冤魂。明清易代之际，岁月静好的日常顷刻之间被颠覆撕碎，悲怆、恐惧和痛苦成为时代的底色。面对这种人生悲剧，古典时代的文人往往选择以“梦境”的方式，通过对过往日常生活的回忆再现与修饰加工，来与现实保持距离，从而获得精神解脱。往昔的生活太美好，也太值得人留恋，因此张岱一遍又一遍回味着曾经的交游览胜、雅集宴饮、品茶观剧、时令节庆乃至于小小的恶作剧。那些或风雅或有趣或热闹的人事物景，早已烟消云散不复存在，只有在梦中才能与之重逢。

① 王季楚. 扬州十日记［M］//中国历史研究资料丛书. 上海：神州国光社，1951：241－242.

第三节　时空的超越
——方寸日常中的天地境界

张岱晚年家境拮据，生活艰难，经常食不果腹、衣不蔽体，与早期奢华风雅的贵族公子生活形成了鲜明对比。早年家中拥有的精雅园林也早已不复存在，他只能租住在快园勉强维生。张岱有大量诗作描写晚年的贫穷与窘迫，如《甲辰初度，是日饿》是其五十八岁生日这天所作，其中便有“饿亦寻常事，尤于是日奇”[①] 之句。对衣食窘迫的张岱而言，饥肠辘辘成了“家常便饭”。《仲儿分爨》中写道：“上无片瓦存，下无一锥立。流徙未能安，饥馑又相值。家口二十三，何所取衣食？山厨长断炊，一日两接淅。秋来无寸丝，空房叫促织。老妾甚尪羸，短衣不蔽膝。如此年复年，萧萧徒四壁。”[②] 早年锦衣玉食的富家公子，变成挨饿受冻的贫民老翁，这种天翻地覆的命运反差，着实令人唏嘘。当晚年的张岱再次遇到由他改良创制而后风靡一时的兰雪茶时，已无力购买，只能嗅一嗅：“日铸佳茶制，兰雪名以起。今经丧乱余，断炊已四祀。意殊不能割，嗅之而已矣。嗟余家已亡，虽生亦如死。”[③] 家国离

① 张岱. 沈复燦钞本琅嬛文集［M］. 路伟，马涛点校. 杭州：浙江古籍出版社，2016：181.
② 张岱. 沈复燦钞本琅嬛文集［M］. 路伟，马涛点校. 杭州：浙江古籍出版社，2016：36.
③ 张岱. 沈复燦钞本琅嬛文集［M］. 路伟，马涛点校. 杭州：浙江古籍出版社，2016：33.

乱中，这种充满自嘲苦涩的“黑色幽默”，几乎每天都在戏剧性上演。

改朝换代之后，张岱坚决不与清政府合作，更遑论入仕做官追求功名。没有户口籍贯，也失去了田亩财产与收入来源，加之家中人口众多，粮食消耗量大，彻底沦为社会底层的贫家老翁张岱不得不亲自耕种劳作，以获取日常生活所需。《看蚕》《种鱼》《舂米》《担粪》等一系列描写农家日常生活劳动的诗作，便作于此时。《舂米》中写自己年轻时生活在“钟鼎之家”，不知稼穑之事，吃饭之时更有数十婢仆殷勤侍奉左右，而此时年近七十，只能自己舂米做饭。“老人负臿来，臿米敢迟刻？连下数十舂，气喘不能吸。”① 在筋疲力尽的狼狈时刻，张岱不仅没有烦闷，没有抱怨，反而“回顾小儿曹，劳苦政当习”，即告诫自己的儿孙们年轻时要多吃苦劳作。《担粪》中写自己最不喜爱担粪，但是生活要求自己必须这样做。“日久粪自香，为圃亦何恨？”② 可见张岱在艰苦环境之中，并没有自怨自艾，而是逐渐适应农家劳作的生活，甚至乐在其中。

昔时风花雪月变为今日柴米油盐，山水花木、四时田园已不是供欣赏观览的美景，而是需要劳动耕作的场所。满足日常衣食住行已实属不易，哪里还敢奢想琴棋书画、诗酒花茶。张岱晚年曾写五绝组诗《今昔歌》③ 二十首，来描述自己这种今昔生活的反差变化。下面试举几首：

① 张岱. 沈复燦钞本琅嬛文集［M］. 路伟，马涛点校. 杭州：浙江古籍出版社，2016：44.
② 张岱. 沈复燦钞本琅嬛文集［M］. 路伟，马涛点校. 杭州：浙江古籍出版社，2016：44.
③ 张岱. 沈复燦钞本琅嬛文集［M］. 路伟，马涛点校. 杭州：浙江古籍出版社，2016：240.

其二

高梧荫数亩，盖我屋三层。

今有一囱绿，乃是丝瓜藤。

其三

瓜果杂冰盘，上用轻纨覆。

近来点我饥，烀熟罗汉豆。

其五

新谷上坻仓，富春三百亩。

今日布粮归，些些不满斗。

其六

终日费揣摩，小傒教歌舞。

恐余不忘情，池塘蛙两部。

其九

烹茶忌烟腻，炼炭满山麓。

近学文文山，拾薪煮飞瀑。

其十

昔暮野花张，草花种无数。

平晨抱瓮来，辛勤灌茄树。

其十一

出门半里许，犹自用肩舆。

今能著草蒉，百里不为疲。

其十三

鼎彝三代物，陈设满华堂。

犹能存一二，断几与残床。

其十九

学语调鹦鹉，藤虫喂画眉。

今来山麓下，只听老鸮啼。

其二十

晚年爱丝竹，意本欲陶情。

曲终人散去，只剩一床琴。

在这些诗句中，遭遇了命运巨大转变，陷入生活窘迫的张岱极少流露出抱怨悔恨之意，反而以一种极其悠游淡然的姿态去接受这种生活质量上的落差。这种在贫困潦倒的生活境遇中依然泰然自若的心态，颇似“古今隐逸之宗”陶渊明，而这正是张岱一直尊崇的文化人格。张岱尤为推崇陶渊明，甲申国变之后不仅自号为“陶庵”，而且前后作多首和诗来与陶渊明“跨时空”对话。自北宋苏轼开和陶诗的先河后，历朝历代都有文人士子作此类和诗。而在晚明之时，和陶写诗并不是一味寻求潇洒冲淡的美学气质，而是“渗透着时代的悲凉和对于悲凉意绪的情感超越”①。王雨谦评价张岱的《甲午儿辈赴省试不归，走笔招之》“字字真气逼之，陶渊明、杜少陵出内其中”。全诗如下：

我年未至耆，落魄亦不久。奄忽数年间，居然成老叟。自经丧乱余，家亡徒赤手。恨我儿女多，中年又丧偶。七女嫁其三，六儿两有妇。四孙又一笄，计口十八九。三餐尚二粥，日食米一斗。昔有附郭田，今不存半亩。败屋两三楹，阶前一株柳。二妾老如猿，仅可操井臼。呼米又呼柴，日作狮子吼。日出不得哺，未明先起走。如是十一年，言之只自丑。稍欲出门交，辄恐丧所守。宁使断其炊，取予不敢苟。寒暑一敝衣，捉

① 李剑锋．明遗民对陶渊明的接受［J］．山东大学学报（哲学社会科学版），2010（1）：145-150.

襟露其肘。嗫嚅与人言，自觉面皮厚。大儿走四方，仅可糊其口。次儿名读书，清馋只好酒。三儿惟嬉游，性命在朋友。四儿好志气，大言不忸怩。二稚更善啼，牵衣索菱藕。老人筋力衰，知有来年否。儿辈慕功名，撇我若敝帚。持此一管笔，思入麟凤薮。阿堵与荐剡，均非尔所有。不若且归来，父子得聚首。挈瓶往灌畦，捕鱼编竹笱。四儿肯努力，储粟自盈缶。酌酒满匏尊，进为老人寿。温饱得一年，一生亦不负。胜以五鼎烹，哭我荒山阜。①

老人的耿介坦诚，生活的贫困潦倒，在此诗中展露无遗。在平凡且劳苦的农家田园生活中，张岱希望自己的孩子们不为清廷效力，安贫乐道，自力更生。“大明遗民”张岱这种孤独倔强的坚守令人钦佩。经历了国破家亡的张岱，以一种超越了贫富贵贱和兴衰荣辱的淡然释怀，去经营自己日常生活中的方寸天地。通过热爱生活去改变庸常生活，通过珍惜生活去超越无常生活，张岱的生活美学此时已不是简单的生存方式的选择，而是一种既超脱又入世，虽平凡却伟大的真正的“天地境界”。如李泽厚所言，这种“天地境界”不是冷漠无情、摆脱世界来“与神同一”，而是深情感慨、奋力生存的“天人合一”。②

这种生活美学还与张岱所推崇的“冰雪之气”密切相关。张岱认为“冰雪之气”是各种生命生存生发的原始力量：“鱼肉之物，见风日则易腐，入冰雪则不败，则冰雪之能寿物也。今年冰雪多，来年谷麦必茂，则冰雪之能生物也。盖人生无不

① 张岱. 沈复燦钞本琅嬛文集［M］. 路伟，马涛点校. 杭州：浙江古籍出版社，2016：36.

② 李泽厚. 从美感两重性到情本体：李泽厚美学文录［M］. 马群林主编. 济南：山东文艺出版社，2019：223.

藉此冰雪之气以生……故知世间山川、云物、水火、草木、色声、香味，莫不有冰雪之气。”① 正是因为有了“冰雪之气”的浸润，张岱眼中的世间万物都可呈现出轻盈通透、充满生机的“冰雪”样态，成为美之所在。“冰雪之气”亦是一种生活的智慧与态度。张岱晚年虽生活困顿，但不改其“冰雪之气”，在最为艰苦拮据的生活境遇之中，依然保有一种真情率性、圆融通达的心态。在八十四岁高龄之时，张岱还编著了《琯朗乞巧录》一书，收古今智慧之事、智慧之言，幽默诙谐，博学风趣，显露出一位历经沧桑传奇老人的智慧与深情。

在晚年编撰的另一部著作《快园道古》中，张岱在序言里写道：“张子僦居快园，暑月日晡，乘凉石桥，与儿辈放言，多及先世旧事，命儿辈退即书之，岁久成帙……老人喃喃喜谈往事……”② 此时《陶庵梦忆》已完书多年，而书中所描绘的那个时代则更为久远。从明万历朝到清康熙朝，这位生活了将近一个世纪的老人在即将走向人生终点之时，常常喜欢与身边的人提起充满了理想与诗意的生活往事。这些过往平凡日常生活作为一种客观存在，终会湮灭于历史深处。然而前尘往事虽会如同梦境般消散流逝，却又真实地铭刻在时空之中。通过“一往深情”地入梦寻找，张岱不断追忆着那些往日平凡生活中的喜怒哀乐与悲欢离合，如同把玩一件件精美无比的艺术珍品。“日常生活”在线性历史的维度中凝结升华，成为一种超越了时空的永恒不朽的美。

---

① 张岱. 张岱诗文集［M］. 夏咸淳辑校. 上海：上海古籍出版社，2018：166.

② 张岱. 快园道古　琯朗乞巧录［M］. 佘德余，宋文博点校. 杭州：浙江古籍出版社，2016：7.

结语

砚云甲编一卷本《陶庵梦忆》书前有序云："兹编载方言巷咏、嬉笑琐屑之事，然略经点染，便成至文。读者如历山川，如睹风俗，如瞻宫阙宗庙之丽。殆与《采薇》《麦秀》同其感慨，而出之以诙谐者欤？"① 张岱，这位生活在四百年前的"绝代散文家"，通过私人书写视角，采用碎片化形式，以出神入化的文字记录了明亡之前的生活日常，为后人拼贴出一幅生动鲜活的"晚明江南日常生活风俗长卷"。同时，有着深厚的史学素养与家学传承的他，又别有一种对日常生活的敏锐观察与深刻体悟。在经历了明清鼎革的时代巨变之后，他以超出常人的毅力和认真严谨的态度，完成了史学名著《石匮书》与《石匮书后集》；而于国破家亡之际编撰的《陶庵梦忆》《西湖梦寻》中，那些充满温情诗意与风雅意趣的书写，也早

① 张岱. 陶庵梦忆 西湖梦寻［M］. 路伟，郑凌峰点校. 杭州：浙江古籍出版社，2018：1.

已超出了“日常生活”的原本概念范畴，凝结着张岱沉重复杂的亡国之情。

《陶庵梦忆》中书写的晚明日常生活，不论人、事、物、景还是时令节庆等，都带有浓厚鲜明的美学色彩。身处晚明物质财富与精神文化繁荣兴盛的江南，出生于绍兴钟鸣鼎食之家的富贵闲人张岱，自然可以享受到当时最为优渥的生活条件。同时，凭借着深厚的学识修养和鲜明的思想个性，张岱对生活的认知比常人又多了文化与审美的视角。天性率真，心胸豁达，奉行“宗子自为宗子”人生观的张岱，并未被当时主流正统的社会观念所禁锢。相反，他以一种开放包容的心态，向更为广阔的日常生活场域敞开胸怀。他贴近市井平民和普通百姓，注重人世间生活百态的体验，并将其真诚炽烈的“一往深情”，融入《陶庵梦忆》日常生活之美的记录之中。张岱的生活美学不是书斋文人的单一臆想，也不是缙绅士大夫的曲高和寡，更不是精英贵族的奢华无度，而是真诚热忱地投入到整个生活当中去，尽情感受生活中的喜怒哀乐与悲欢离合；他的生活美学不是单调的独奏曲，而是恢宏的交响乐。

和《陶庵梦忆》中的悠游人间形成鲜明对比的，是张岱编撰《陶庵梦忆》时的生活境遇。经历了国破家亡的命运巨变，从富贵清闲的公子哥一变而成为无田无籍的贫家老翁，跌落到了社会最底层的张岱，经历着最富戏剧性的人生反差。然而现实生活的贫困窘迫并没有使其懊恼抱怨，他如东晋陶渊明一般，在日复一日的耕田劳作和著书立说中，坚守住了自身的道德理想与志向信念，并怀着对故国人民的“一往深情”创作编撰了《陶庵梦忆》《西湖梦寻》等著作，为一个已经逝去的时代留下了最为清晰生动的剪影。《陶庵梦忆》《西湖梦寻》

以“入梦”的方式，与现实人生之残酷境遇相疏离，进而获得短暂的心灵慰藉。而其所记录的晚明日常生活片段，在历史与时空的张力中凝结升华，成为永恒不朽的“美之所在”，带给后人深深的感动。

在科技水平与物质文化日益发达的今天，人们的生存压力与日俱增，个体生命的不确定性日益凸显。在消费主义泛滥的背景下，恰如韦尔施所言，“日常生活的审美化”极有可能仅是“用审美的眼光来给现实裹上一层糖衣”①，而无视了日常生活本身的压力与残酷；抑或使人沉湎于感官享受与欲望放纵的“合法化”之中，从而对身心健康造成损害……毫无疑问，追求美好生活是每个人应有的权利。正如赵汀阳先生所言：“人的生命就是用来实现为‘生活’的，生活才是关于人的存在的有效分析单位，没有生活的生命是无意义的，这正是人的存在有别于其他存在的地方。”② 但是“美好生活”的评判标准是什么？我们又该以一种怎样的心态去面对审视日常生活中可能出现的种种困惑与矛盾？或许从四百多年前的张岱那里，可以找到关于“日常生活”这一无法回避的命题的答案。

张岱的生活美学，是以一种面向人世间百态的宏阔胸襟，去尽情享受体悟日常生活的宽度和广度；而他对“冰雪之气”的推崇，则使得这种“享受”褪去了肉体感官纵乐的功利与浮躁，进入一种超凡绝俗的深度审美意蕴之中，从而让人获得心灵的净化与涤荡。张岱以真诚炽烈的“一往深情”对待日

① 沃尔夫冈·韦尔施．重构美学［M］．陆扬，张岩冰，译．上海：上海译文出版社，2006：5.

② 赵汀阳．论可能生活：一种关于幸福和公正的理论（修订版）［M］．北京：中国人民大学出版社，2004：135.

常生活中的各种面相：无论是明亡之前对生活之美的热情讴歌，还是明亡之时坚决果断的抵抗斗争，抑或明亡之后对贫苦生活的淡然自若，都是其“一往深情”的体现。张岱的“一往深情”，其背后蕴含的是一种气势磅礴的生命力量，这种力量使他在经历国破家亡的命运巨变时，面对残酷血腥的现实仍然能坚守本心；也是这种力量，使他在世界生活与精神家园崩塌毁灭之后，重新找寻到人生的意义与价值……

如今，我们面临更为复杂的生活境遇。一方面，生产力的革命进步极大促进了人们物质生活水平的提高；另一方面，个体的日常生活空间被来自四面八方的生存压力无限挤压，心灵世界则被各种话语与观点切割成碎片。在崇高与秩序被渐渐消解的后现代社会语境中，个体如同漂浮在虚无之海的一叶扁舟，在茫然与困惑中随波逐流。这种“无家可依”的精神状态，造成了焦虑、抑郁、孤独、丧气等各种各样的心理症候。或许在这一层面上，张岱的“生活美学”，能给身处瞬息万变的现代社会，在生存压力与日常困境中不断挣扎的我们以某种精神慰藉与心灵启迪，从而帮助我们找到自己生存于现世人间的意义之锚，实现对自我日常生活与生命家园的重新构筑。

参考文献

一、古籍文献

[1]（明）张岱. 张岱诗文集［M］. 夏咸淳辑校. 上海：上海古籍出版社，2018.

[2]（明）张岱. 陶庵梦忆 西湖梦寻［M］. 路伟，郑凌峰点校. 杭州：浙江古籍出版社，2018.

[3]（明）张岱. 沈复燦钞本琅嬛文集［M］. 路伟，马涛点校. 杭州：浙江古籍出版社，2016.

[4]（明）张岱. 四书遇［M］. 朱宏达点校. 杭州：浙江古籍出版社，2017.

[5]（明）张岱. 石匮书［M］//续修四库全书：第 320 册. 上海：上海古籍出版社，2002.

[6]（明）张岱. 石匮书后集［M］. 北京：中华书局，1959.

[7]（明）张岱. 快园道古　琯朗乞巧录［M］. 佘德余，宋文博点校. 杭州：浙江古籍出版社，2016.

[8]（宋）孟元老. 东京梦华录笺注［M］. 伊永文笺注. 北京：中华书局，2006.

[9]（宋）吴自牧. 梦粱录［M］. 杭州：浙江人民出版社，1984.

[10]（宋）黎靖德. 朱子语类［M］. 王星贤点校. 北京：中华书局，1986.

[11]（宋）朱熹. 四书章句集注［M］. 北京：中华书局，1983.

[12]（明）宋应星. 天工开物［M］. 潘吉星点校. 上海：上海古籍出版社，2010.

[13]（明）王夫之. 读通鉴论［M］. 舒士彦点校. 北京：中华书局，1975.

[14]（明）王守仁. 王阳明全集［M］. 吴光，钱明，董平，姚延福编校. 上海：上海古籍出版社，2006.

[15]（明）王守仁. 王文成公全书［M］. 王晓昕，赵平略点校. 北京：中华书局，2015.

[16]（明）李贽. 焚书［M］. 张建业点校. 北京：中华书局，2009.

[17]（明）陈继儒. 太平清话［M］//丛书集成初编. 上海：商务印书馆，1936.

[18]（明）陈继儒. 妮古录［M］. 印晓峰点校. 上海：华东师范大学出版社，2011.

[19]（明）陈继儒. 小窗幽记［M］. 罗立刚点校. 北京：中

华书局，2008.
[20] (明) 王锜. 寓圃杂记 [M]. 张德信点校. 北京：中华书局，2007.
[21] (明) 范濂. 云间据目抄 [M]. 扬州：江苏广陵古籍刻印社，1992.
[22] (明) 谢肇淛. 五杂组 [M]. 韩梅，韩锡铎点校. 北京：中华书局，2023.
[23] (明) 陆树声. 清暑笔谈 [M] //丛书集成初编. 北京：中华书局，1985.
[24] (明) 屠隆. 考槃余事 [M]. 顾静点校. 北京：中华书局，1985.
[25] (明) 许次纾. 茶疏 [M] //丛书集成初编. 上海：商务印书馆，1936.
[26] (明) 高濂. 遵生八笺 [M]. 王大淳整理. 杭州：浙江古籍出版社，2017.
[27] (明) 高濂. 燕闲清赏笺 [M]. 王大淳点校. 杭州：浙江人民美术出版社，2019.
[28] (明) 施绍莘. 秋水庵花影集 [M]. 来云点校. 上海：上海古籍出版社，1989.
[29] (明) 张应文. 清秘藏 [M]. 台北：世界书局，1962.
[30] (明) 王士性. 广志绎 [M]. 周振鹤点校. 北京：中华书局，1997.
[31] (明) 顾起元. 客座赘语 [M]. 谭棣华点校. 北京：中华书局，1987.
[32] (明) 袁宏道. 袁宏道集笺校 [M]. 钱伯城笺校. 上海：上海古籍出版社，2008.

［33］（明）张大复．梅花草堂笔谈［M］．上海：上海杂志公司，1935.

［34］（明）袁中道．珂雪斋集［M］．钱伯城点校．上海：上海古籍出版社，1989.

［35］（清）黄宗羲．明儒学案［M］．沈芝盈点校．北京：中华书局，2008.

［36］（明）文震亨．长物志［M］．李瑞豪点校．杭州：浙江人民美术出版社，2019.

［37］（明）祁彪佳．祁彪佳集［M］．北京：中华书局，1960.

［38］（明）祁彪佳．祁彪佳日记［M］．张天杰点校．杭州：浙江古籍出版社，2016.

［39］（明）沈德符．万历野获编［M］．谢兴尧点校．北京：中华书局，2007.

［40］（清）顾炎武．天下郡国利病书［M］．黄珅等点校．上海：上海古籍出版社，2012.

［41］（清）顾炎武．肇域志［M］．谭其骧，王文楚，朱惠荣等点校．上海：上海古籍出版社，2004.

［42］（明）何心隐．何心隐集［M］．容肇祖整理．北京：中华书局，1982.

［43］（明）徐光启．农政全书［M］．石声汉校注．上海：上海古籍出版社，2011.

［44］（明）陈洪绶．陈洪绶集［M］．吴敢点校．杭州：浙江古籍出版社，1994.

［45］（明）汤显祖．汤显祖戏曲集［M］．钱南扬校点．上海：上海古籍出版社，2010.

［46］（明）何良俊．四友斋丛说［M］．北京：中华书局，1959.

[47] (明) 张瀚. 松窗梦语 [M]. 盛冬铃点校. 北京: 中华书局, 1985.
[48] (明) 周清原. 西湖二集 [M]. 刘耀林点校. 上海: 上海古籍出版社, 1994.
[49] (清) 张潮. 虞初新志 [M]. 王根林点校. 合肥: 黄山书社, 2021.
[50] (清) 张潮. 幽梦影 [M]. 罗刚注译. 青岛: 青岛出版社, 2010.
[51] (清) 余怀. 板桥杂记 [M]. 李金堂点校. 上海: 上海古籍出版社, 2000.
[52] (清) 朱彝尊. 食宪鸿秘 [M]. 邱庞同注释. 北京: 中国商业出版社, 1985.
[53] (清) 虫天子. 中国香艳丛书 [M]. 北京: 团结出版社, 2005.
[54] (清) 沈复. 浮生六记 [M]. 彭令点校. 北京: 人民文学出版社, 2010.
[55] (清) 李渔. 李渔全集 [M]. 单锦珩校点. 杭州: 浙江古籍出版社, 1991.
[56] (清) 谷应泰. 明史纪事本末 [M]. 北京: 中华书局, 1977.
[57] (清) 张廷玉, 等. 明史 [M]. 北京: 中华书局, 1974.
[58] (清) 龚自珍. 龚自珍全集 [M]. 王佩诤点校. 上海: 上海古籍出版社, 1999.
[59] (清) 钱泳. 履园丛话 [M]. 张伟点校. 北京: 中华书局, 1997.
[60] 王英. 明人日记随笔选 [M]. 上海: 南强书局, 1935.

［61］王英. 晚明小品文总集选［M］. 上海：南强书局，1935.

二、研究论著

（一）专著

［1］陈宝良. 狂欢时代：生活在明朝［M］. 北京：人民出版社，2020.

［2］陈江. 明代中后期的江南社会与社会生活［M］. 上海：上海社会科学院出版社，2006.

［3］范金民. 明清江南商业的发展［M］. 南京：南京大学出版社，1998.

［4］樊树志. 晚明大变局［M］. 北京：中华书局，2015.

［5］樊树志. 晚明史 1573－1644［M］. 上海：复旦大学出版社，2015.

［6］樊树志. 江南市镇：传统的变革［M］. 上海：复旦大学出版社，2005.

［7］樊树志. 明清江南市镇探微［M］. 上海：复旦大学出版社，1990.

［8］傅衣凌. 明代江南市民经济初探［M］. 北京：中华书局，2007.

［9］傅衣凌. 明清社会经济变迁［M］. 北京：中华书局，2007.

［10］傅衣凌. 明清时代商人与商业资本［M］. 北京：人民文学出版社，2007.

［11］顾诚. 南明史［M］. 北京：中国青年出版社，2003.

［12］李伯重. 江南的早期工业化（1550～1850 年）［M］. 北京：社会科学文献出版社，2000.

［13］罗宗强. 明代后期士人心态研究［M］. 北京：中华书局，2019.

[14] 万明. 晚明社会变迁问题与研究［M］. 北京：商务印书馆，2005.

[15] 王尔敏. 明清社会文化生态［M］. 桂林：广西师范大学出版社，2009.

[16] 王家范. 明清江南社会史散论［M］. 上海：上海人民出版社，2019.

[17] 韦庆远. 张居正和明代中后期政局［M］. 广州：广东高等教育出版社，1999.

[18] 吴晗. 吴晗史学论著选集［M］. 北京：人民出版社，1986.

[19] 夏咸淳. 晚明士风与文学［M］. 北京：中国社会科学出版社，1994.

[20] 徐泓. 明清社会史论集［M］. 北京：北京大学出版社，2020.

[21] 张海鹏，王廷元. 明清徽商资料选编［M］. 合肥：黄山书社，1985.

[22] 赵柏田. 南华录：晚明南方士人生活史［M］. 北京：北京大学出版社，2015.

[23] 赵洪涛. 明末清初江南士人日常生活美学［M］. 成都：四川大学出版社，2018.

[24] 赵强. “物”的崛起：前现代晚期中国审美风尚的变迁［M］. 北京：商务印书馆，2018.

[25] 赵园. 明清之际士大夫研究［M］. 北京：北京大学出版社，1999.

[26] 周明初. 晚明士人心态及文学个案［M］. 上海：东方出版社，1997.

[27] 周群. 儒释道与晚明文学思潮［M］. 北京：商务印书馆，2023.
[28]（匈）阿格尼丝·赫勒. 日常生活［M］. 哈尔滨：黑龙江大学出版社，2010.
[29]（加）卜正民. 纵乐的困惑：明代的商业与文化［M］. 方骏，王秀丽，罗天佑，译. 桂林：广西师范大学出版社，2016.
[30]（美）段义孚. 恋地情结［M］. 志丞，刘苏，译. 北京：商务印书馆，2018.
[31]（美）何炳棣. 明初以降的人口及相关问题 1368－1953［M］. 葛剑雄，译. 北京：生活·读书·新知三联书店，2000.
[32]（英）柯律格. 大明：明代中国的视觉文化与物质文化［M］. 黄小峰，译. 北京：生活·读书·新知三联书店，2019.
[33]（英）柯律格. 长物：近代早期中国的物质文化与社会地位［M］. 高昕丹，陈恒，译. 北京：生活·读书·新知三联书店，2013.
[34]（英）柯律格. 雅债：文徵明的社会性艺术［M］. 刘宇珍，邱士华，胡隽，译. 北京：生活·读书·新知三联书店，2012.
[35]（美）史景迁. 前朝梦忆：张岱的浮华与苍凉［M］. 温洽溢，译. 桂林：广西师范大学出版社，2010.
[36]（法）瓦格纳姆. 日常生活的革命［M］. 张新木，戴秋霞，王也频，译. 南京：南京大学出版社，2008.
[37]（德）韦尔施. 重构美学［M］. 陆扬，张岩冰，译. 上

海：上海译文出版社，2006.
[38]（美）宇文所安. 追忆：古典文学中的往事再现［M］. 郑学勤，译. 北京：生活 · 读书 · 新知三联书店，2014.
[39]（葡）曾德昭. 大中国志［M］. 何高济，译；李申，校. 上海：上海古籍出版社，1998.
[40] 李泽厚. 美的历程［M］. 北京：生活 · 读书 · 新知三联书店，2009.
[41] 李泽厚. 华夏美学 美学四讲［M］. 北京：生活 · 读书 · 新知三联书店，2008.
[42] 李泽厚. 中国古代思想史论［M］. 北京：生活 · 读书 · 新知三联书店，2008.
[43] 刘悦笛. 中国人的生活美学［M］. 桂林：广西师范大学出版社，2021.
[44] 刘悦笛，赵强. 无边风月：中国古典生活美学［M］. 成都：四川人民出版社，2015.
[45] 宗白华. 艺境［M］. 北京：北京大学出版社，1987.

（二）论文

[46] 赵佳丽. 张岱《陶庵梦忆》的审美意蕴［J］. 广东教育学院学报，2007（6）：84-88.
[47] 许卫. 略论张岱《陶庵梦忆》的审美特质［J］. 苏州大学学报（哲学社会科学版），2003（4）：39-42.
[48] 王海燕. 《陶庵梦忆》主旨新说［J］. 山东大学学报（哲学社会科学版），1998（3）：57-62.
[49] 妥建清. 生活即审美：晚明社会生活美学探蠡［J］. 哲学动态，2018（8）：104-111.
[50] 赵洪涛. 明清士人的生活美学研究综述［J］. 三峡大学

学报（人文社会科学版），2016（2）：39-45.

［51］杨绪敏，乔海燕. 论张岱《石匮书》的史论［J］. 史学史研究，2018（4）：17-26.

［52］张健旺，华静. 晚明六休居士张岱的美学思想［J］. 牡丹江大学学报，2016（7）：143-145.

［53］张婉霜. 从晚明小品透视江南城市审美文化：以张岱《陶庵梦忆》为中心［J］. 湖州师范学院学报，2015（3）：49-53.

［54］董莉莉.《陶庵梦忆》中的小人物形象探析［J］. 名作欣赏，2016（6）：80-82.

［55］杜波，谷健辉. 从《陶庵梦忆》看张岱的园林思想［J］. 兰台世界，2015（36）：133-135.

［56］李泽厚，刘悦笛. 伦理学杂谈：李泽厚、刘悦笛 2018 年对谈录［J］. 湖南师范大学社会科学学报，2018（5）：1-17.

［57］李泽厚，刘悦笛. 历史、伦理与形而上学（2019）：与刘悦笛对话［J］. 探索与争鸣，2020（1）：29-46+157.

［58］刘悦笛，赵强. 从“生活美学”到“情本哲学”：中国社会科学院哲学所刘悦笛研究员访谈［J］. 社会科学家，2018（2）：3-11+161.

［59］刘悦笛. 当代中国“生活美学”的发展历程：论当代中国美学的“生活论转向”［J］. 辽宁大学学报（哲学社会科学版），2018（5）：144-151.

［60］王德胜，李雷. “日常生活审美化”在中国［J］. 文艺理论研究，2012（1）：10-16.

［61］陈雪虎. 生活美学：三种传统及其当代汇通［J］. 艺术

评论，2010（10）：62-64.

［62］陈平原."都市诗人"张岱的为人与为文［J］.文史哲，2003（5）：77-86.

［63］李竞艳.20世纪以来晚明士人群体研究综述［J］.史学月刊，2011（2）：112-121.

［64］吴小龙.试论中国隐逸传统对现代休闲文化的启示［J］.浙江社会科学，2005（6）：167-172.

［65］李剑锋.明遗民对陶渊明的接受［J］.山东大学学报（哲学社会科学版），2010（1）：145-150.

［66］王宏钧，刘如仲.明代后期南京城市经济的繁荣和社会生活的变化：明人绘《南都繁会图卷》的初步研究［J］.中国历史博物馆馆刊，1979（1）：99-108.

［67］张丽杰.论张岱《陶庵梦忆》的情感意蕴［D］.呼和浩特：内蒙古师范大学，2004.

［68］卢杰.论张岱散文中的日常生活美学思想［D］.扬州：扬州大学，2006.

［69］刘舒甜.张岱《陶庵梦忆》与晚明文人审美风尚研究［D］.北京：中国传媒大学，2010.

［70］寇磊.张岱休闲美学思想研究［D］.成都：四川师范大学，2020.

后记

2023 年 4 月，我和爱人去了一趟绍兴。参观了人山人海的迅哥儿家的百草园后，傍晚我们来到绍兴饭店用餐。生长在北方的我并不习惯这里的饮食，服务员小哥却兴致勃勃地告诉我，此地原本是一个古代大文学家住的地方，叫“快园”，他还写过一本书叫什么《快园古道》。经过大脑快速检索，我才意识到，位于龙山下的绍兴饭店，原为张岱晚年租住的那个地方——快园，而他写的那本并不算出名的小书，叫作《快园道古》。

窗外淅淅沥沥的小雨，为这个山水环绕、别有格调的酒店增添了些许情致。借着月色与灯火，我走遍了这里的每个角落，试图从这里找到一些张岱的痕迹。这种行为显然有些幼稚可笑，四百年过去了，包括龙山之上那片郁郁苍苍的老树林在内，一切的一切都被刷新覆盖。当时空重叠于 2023 年的暮春雨夜，关于张岱的所有文字却如同潮水般涌上心头，我仿佛忘记了自己只是一名匆匆的游客，而是在对一位相识已久的故人进行探访。

如果不是因为四年前恰巧选择了张岱作为硕士论文的研究对象，那么我此次的绍兴之行恐怕不会如此意义深刻。借着浩如烟海的典籍文字重新回到四百年前的历史现场，一个陌生人真实而鲜活的一生被重新拼接起来，在此过程中的解读与研究，恰如一场跨越了百年时空的对话。时代的洪流向前奔去，往事终将被埋藏在历史尘埃的最深处，又何况一个普通人的一生？而我深知，四百年前这个有趣的灵魂，值得被更多的人发现了解，并从中获取一些心灵的启迪与慰藉。这便是这本书的写作动机。

对张岱的认识，一开始只是“晚明贾宝玉”这样的刻板印象，尤其是他在《自为墓志铭》中这样自我评价：“少为纨绔子弟，极爱繁华，好精舍，好美婢，好娈童，好鲜衣，好美食，好骏马，好华灯，好烟火，好梨园，好鼓吹，好古董，好花鸟，兼以茶淫橘虐，书蠹诗魔。”同样经历了人生巨变的张岱，与曹雪芹本人及《红楼梦》中贾宝玉的人物形象又何其相似。然而明末清初的时代大背景下，国破家亡、生死两难的沉痛基调又使得这种与命运的较量显得格外严肃悲壮。以五十岁为分水岭，世家公子张岱前半生奢靡而风雅的日常生活被后人反复提及，而进入清朝后漫长艰难的四十余年，他又是怎样度过的？浮华表象背后，张岱的日常生活世界又有着怎样的美学、哲学文化意涵？如果说这本小书对于“晚明生活美学”研究有什么独到之处的话，大概便在于此；而尚未完全厘清的问题，只能留到之后进一步研究中去解决。

毫无疑问，生活在不同的时代背景下，我们很难对自己的学术研究对象产生真正的理解与共情，而在这一短暂的古今对话中，我却分明感受到一种流淌在血脉中的审美与生活经验的共通之处。正是这一积淀并贯穿了数百年乃至更久的“心理结构”，塑造了我们这个民族独一无二的文化性格，而这同时也是个体对自我身份归属的辨识前提与体认依据。诚然，对每一个真实存在的历史人物进行深度的研究，是拓宽人生阅历的最快方式。在他者跌宕起伏的人生经历中，旁观者的感受、情绪、思考都是对真实自我内心世界的审视。在这本小书的写作过程中，我越来越体悟到一个最为朴素的人生哲理：“人活着”本身便是最大的意义，我们来这世上一场，本就是为了好好过日子的。人世间的美好生活来之不易，普通人过好这一生已需用尽全部力气；而当命运的种种不确定性到来之时，依然能保有对生活的热情，泰然穿过人生的荆棘与风雨，便需要极大的智慧和勇气。

行文至此，已近尾声。在这里感谢我的博导首都师范大学王德胜教授，王老师幽默风趣，平易近人，在学习与生活上关心每位学生的境况，师门兄弟姐妹也团结友爱亲如一家。感谢我的硕导中国社会科学院刘悦笛研究员，本书是在硕士论文的框架基础上写作完成的，他的点拨与指导令我受益匪浅。感谢首都师范大学左东岭教授，或许他并不知道有我这样一个学生存在，但是旁听一年的课程让我对晚明思想文化及古代学术研究有了很深的体悟。另外，感谢陕西师范大学文学院、中国社会科学院哲学所及首都师范大学文学院的各位老师，在本科、硕士、博士的学习阶段给予我无私的教导和关怀；感谢江苏大学出版社的各位编辑、校对、设计、排版老师，此书的顺利出版离不开他们的辛勤付出；感谢我的公婆对本书出版的经费支持；感谢我的先生对书稿的协助审阅；感谢我五岁的儿子在写作遇到瓶颈时对我的安慰和鼓励……

最后，感谢我自己。感谢半年前那个顶着家务育儿的双重压力写完十六万字书稿的全职妈妈、在读女博士，感谢五年前那个一边抱着襁褓里的婴儿一边在手机备忘里写下四万字硕士论文初稿的年轻母亲，感谢十年前那个整天泡在图书馆的女大学生，感谢二十年前那个蹲在柴灶旁借着幽暗火光如饥似渴阅读的农村小女孩……感谢你们在每个面临诱惑或磨难的人生阶段都听从了自己的内心，坚持了自己的选择。若非如此，便不会有这本书的问世。万物逆旅，光阴过客。浮生若梦，为欢几何？人这一生可能会遇到许多人，但是终究是自己和自己做伴，“我与我周旋久，宁作我”。在而立之年到来之时，现世人间“有情之此岸”的意义之锚愈发明晰凸显：既然“来都来了”，那就“好好活。”李泽厚先生曾写道：“佛知空而执空，道知空而戏空，儒知空却执有，一无所靠而奋力自强。深知人生的荒凉、虚幻、谬误却珍惜此生，投入世界……”或许美学的动人之处，不仅在于如同大江巨川般文艺哲思的浩荡争鸣里，它更是每一真实鲜活的个体，于历史长河蜿蜒沟壑深处的奋力嘶吼与深情低吟。这不仅是学术的价值，也是存在的意义。

甲辰岁末清荷记于雪鸿斋